Der

Nordwesten des Thüringer Waldes

oder

Zehn Tage in Ruhla.

Gemälde aus dem Badeorte Ruhla und seiner Umgebung

Eisenach, Wilhelmsthal, Altenstein, Liebenstein, Inselsberg und Reinhardsbrunn.

Ein

Reisehandbuch und Wegweiser.

(Nebst einer Reise-Route durch die übrigen Theile des Waldes.)

Berlin, 1854.
Verlag von Veit u. Comp.

Den Freunden,

die ich in Ruhla gefunden,

als Zeichen

herzlicher Erinnerung an schön durchlebte Tage,

gewidmet.

Vorwort.

Die Reiselust ist ein Kind des Frühlings, und wenn er seine Schwingen regt, und Berg und Thal mit frischem Grün umkleidet, dann erwacht sie in der Brust der Menschen, und lange Schaaren, ihrem Alltagsleben entrinnend, ziehen fröhlich in die Ferne hinaus. Doch oft, wenn wir die Wiederkehrenden fragen, hören wir sie schmollend einbekennen, wie es ihnen nicht gelungen, auf ihrer Wanderfahrt den geträumten Genuß zu finden. Das macht, sie verstanden es zu wenig, die wahren Bedingungen desselben, die Ausbeute für Geist und Herz, die das Reisen gewähren soll, mit der gewohnten Behaglichkeit zu verbinden, die den allzuleicht ermattenden Körper allein frisch erhält; und da sie zuweilen das Eine dem Andern zum Opfer bringen mußten, so hatte sie das unwirsch gestimmt, und die schönsten Freuden des Reisens waren ihnen verloren gegangen. Freilich lag für sie auch eine schwierige Aufgabe zu lösen vor, weil oft erst eine jahrelange Uebung in dem holden Vergnügen hierin die richtige Praxis giebt, und überdies die gebräuchliche Art, in der man seine Reisen zu gestalten pflegt, keine von jenen Bedingungen gleichzeitig ganz erfüllen kann. Gebirge sind ein gewöhnliches Ziel. Meistens aber werden sie nur im raschen Fluge durcheilt, und ein dürftiges, geistloses Reisehandbuch, dessen Verfasser die beschriebenen Stellen vielleicht oft selber nicht gesehen, jagt rastlos und schablonenartig die Pilger umher; zuweilen gerade an den herrlichsten Punkten vorbei. So wird für Kopf und Herz die Ausbeute verkümmert, und von Behaglichkeit und Ruhe für den Körper ist gar nicht die Rede. Auch mich traf anfänglich ganz dasselbe Loos, und wenn ich in späterer Zeit auf meine Reisen zurückblickte, erkannte ich immer zu meinem großen Verdrusse, wie viel mir auf ihnen noch verloren gegangen war.

Da kam mir der glückliche Gedanke, ein Stückchen Erde solch zauberischen Landes einmal enger in sich abzugränzen, und mir in ihm ein Centrum zu wählen, das, zur flüchtigen Heimath gemacht, mir nun einen Ausgangspunkt böte, von wo aus ich die umliegenden Gegenden als einfacher Spaziergänger durchstreifen könne. Jetzt hatte ich gefunden, was ich bis dahin vermißt hatte. Ich sah die Schönheit des Landes oft und in immer wechselnder Gestalt; ich lernte seine Eigenthümlichkeiten genauer kennen, und seine Sitten verstehen; am Abend aber fand ich die trauliche Häuslichkeit wieder. So schaffte mir jede Reise von nun an wahren Gewinn, und wenn mir auch die, oft nur verwirrende, Vielheit der Gegenstände fehlte, so war doch das Eindringen in ihre Tiefe von unendlich höherem Reize, und bot mir ungleich größeren Genuß.

Drum möchte ich dem Wanderlustigen einen solchen Gebirgsabschnitt, den ich in der angedeuteten Weise nur eben durchschweift habe, als anspruchslose Gabe hier darbieten. Er umfaßt das große Dreieck zwischen Eisenach, Liebenstein und Reinhardsbrunn, den herrlichen, von zahllosen Pilgern reich durchströmten **Nordwesten des Thüringer Waldes**, der zwar keine Tropen- und Alpennatur in sich schließt, aber mit seinen Bergen und Felsen, mit seinen Thälern und Bächen doch immer ein so zauberisches Stück Gottesschöpfung ist, daß das Auge wonnetrunken auf seiner Schönheit verweilen, und das Herz, wenn es sie kostet, in Entzücken laut aufjubeln kann; und wo auch ein reicher Hintergrund, aus Sage und Geschichte gewoben, für den Geist eine hohe Befriedigung gewährt.

Als Mittelpunkt, um den Landstrich genau kennen zu lernen, hatte ich mir

Ruhla

gewählt, den freundlichen, interessanten Marktflecken im Thale des Erbstroms, am nördlichen Abhange des Hochgebirges, beinahe sein geographisches Centrum, und von Jedem der hervorragendsten Plätze fast gleichweit entfernt: von Eisenach 2 Stunden, von Wilhelmsthal 2 Stunden, von Altenstein 1½ Stunde, von Liebenstein 2 Stunden, vom Inselsberge 3 Stunden, von Reinhardsbrunn 3½ Stunde. Dort hatte ich für einige Zeit meine flüchtige Heimath aufgeschlagen, und was von Reisenden oft mit erschöpfenden Anstrengungen und namentlich unter dem Kampfe mit den widerwärtigsten Gasthaus-Kalamitäten nur mühevoll errungen wird, das bot sich mir nun in behaglichen Spaziergängen dar, die, weil sie mich nur selten erschöpften, mir eine Fülle von Genuß gewähren mußten.

Wie ich von meiner Abreise an die Tage in dem herrlichen Orte verlebt, das habe ich versucht, in den folgenden Blättern zu schildern. Sie sind das frische Ergebniß des Eindrucks, den ich empfangen habe, und mögen das Spiegelbild des Entzückens sein, von dem ich durchdrungen war. Dem Leser, der die herrlichen Berge schon kennt, mögen sie die holdesten Erinnerungen zuwehen; wem sie noch fremd sind, dem mögen sie die Ahnung der Freuden zuflüstern, die dort ihn erwarten.

Ich habe sie Gemälde genannt, da sie versuchen sollen, dem Leser die Gegenstände in ihrer scharf begränzten Gestalt und in dem, ihnen eigenthümlichen Farbenschmucke vor das Auge zu führen. Doch sollte dies keinesweges ihr alleiniger Zweck sein. Ich wünschte zugleich denjenigen, die den nordwestlichen Theil des Thüringer Waldes wie ich, von **Ruhla** aus kennen zu lernen beabsichtigen, einen sicheren Wegweiser in die Hand zu geben, der sie über die Verhältnisse daselbst genau unterrichtet, und ihnen den oft nur lästigen Führer entbehrlich macht. Das Werkchen versucht deshalb die Wege zu jedem der sehenswürdigen Punkte mit größter Genauigkeit vorzuzeichnen, und wer es benutzen will, der wird sich zum mindesten keines unzuverlässigen Führers bedienen. Es ist in einzelne Spaziergänge zerlegt worden, die ich Reisetage genannt habe, da ich voraussetze, daß wie mir, so jedem Reisenden, begränzte Ausflüge, von denen er des Abends immer in sein heimathliches Stübchen zurückkehren könne, den meisten Genuß gewähren würden. In jedem derselben habe ich, je nachdem es mir zweckmäßig erschien, mehrere der interessanteren Punkte mit einander verbunden, und führe nun den Leser, wie auf einem Spaziergange, von Ort zu Ort, zu jedem die Wege bezeichnend, alsdann ihn charakterisirend, und zuletzt von seinen Merkwürdigkeiten erzählend. Ich fühle wohl, daß hierdurch eine gewisse Ungleichheit in die Schreibart des Werkes gekommen ist, da oft der Ort selbst die Aeußerung des glühendsten Entzückens hervorrufen mußte, und der Weg zu ihm, so herrlich er auch in der Natur ist, doch nur mit dürren kalten Worten bezeichnet werden konnte. Es war dies aber eine nicht zu vermeidende Folge des Zweckes, den ich mir vorgesetzt hatte. Der Leser möge es darum mit diesem freundlichst entschuldigen, und sich nicht abhalten lassen, die Wege dennoch zu gehen; er wird die Bestätigung des Herrlichen, das ich ihm vorführe, in eigener Anschauung finden.

Begründeter könnte mich anscheinend ein anderer Vorwurf treffen. Abweichend von den übrigen Reisebüchern habe ich es unterlassen, dem Werkchen den üblichen Aufsatz über die Geschichte, Geographie und Statistik des von mir beschriebenen Landstrichs als Vorrede vorauszuschikken, ja sogar über Ruhla, wohin ich den Leser sogleich an ersten Tage von Berlin aus hinüberführe, habe ich bevor wortend nichts mehr, als die obigen Worte gesagt. Ich glaube mich aber dennoch einer besonderen Lücke hierdurch nicht schuldig gemacht zu haben. Abgesehen davon, daß ich eine ihrer Lage und Bedeutung nach allgemein bekannte Gegend zu schildern mir vorgesetzt hatte, mußte ich oft die Erfahrung machen, daß, wie die meisten Vorreden, so vornehmlich die der Reisebücher am wenigsten gelesen würden, und es wäre doch Schade gewesen, wenn ich unter solchen Umständen erst andere Werke zur Hand genommen und mühsam aus ihnen Notizen compilirt hätte, um einige Seiten mehr zu füllen. Dann aber kann ich bei denjenigen, welche den Thüringer Wald zum Vergnügen bereisen, auch füglich voraussetzen, daß sie von seiner Lage unterrichtet sein, und wissen werden, wodurch er seinen hohen Ruf im reichen Maaße verdient. Aus diesen Gründen bin ich von dem gewöhnlichen Wege abgewichen, und habe, was mir für den Reisenden als wissenswürdig erschien, an einzelnen, mir gerade geeignet scheinenden Stellen gesondert eingestreut. Ich halte mich überzeugt, daß, wer diese Blätter durchgelesen, gleichwohl von dem Walde und seiner Beschaffenheit so viel kennen gelernt haben wird, wie ihm als Reisenden nützlich und angenehm ist.

Auch der Kosten, womit diese Ausflüge verbunden sind, habe ich näher gedacht, da die Meisten sich begreiflicher Weise gern im Voraus ihren Ueberschlag machen.

Endlich habe ich in zwei besondern Anlagen das Bade-Reglement von Ruhla und eine Reise-Route für diejenigen beigefügt, welche von dort aus noch die übrigen Theile des Thüringer-Waldes besuchen wollen, weil es Manchem doch interessant sein könnte, bei der hervorstechenden Heilsamkeit dieses Bades, und der anlockenden Schönheit auch anderer Partien des Gebirges, das Nähere auch hierüber im Voraus zu erfahren.

Wer mich bei meinem Werkchen durch Auskunft und Mittheilung freundlich unterstützte, dem sage ich schließlich meinen Dank.

Berlin, den 24. November 1853.

Der Verfasser.

Inhalt.

	Seite
Zehn Tage in Ruhla	1 — 5
Erster Reisetag. Abreise von Berlin	6—16
Zweiter Reisetag. Der Marktflecken Ruhla	17—26
Dritter Reisetag. Das Leben in Ruhla; das Bad daselbst	27—37
Vierter Reisetag. Der Ringbergstein, der Alabasterbruch bei Kittelsthal, der Heiligenstein, der Scharffenberg, der Gömichenstein	38—52
Fünfter Reisetag. Der Sarkophag, der Wachstein, Wilhelmsthal, der Karthäuserberg, die Hochwaldsgrotte, der Hirschstein, die Hohe Sonne, der Rennsteig	53—67
Sechster Reisetag. Der Gerberstein, der Inselsberg, der Thorstein, das Felsenthal, der Uebelberg, der Kickelhahnsprung, Sonnenuntergang	68—89
Siebenter Reisetag. Sonnenaufgang; Brotterode das Drusenthal, Liebenstein, die Höhle von Altenstein, Altenstein, die Luthersbuche	90—120
Achter Reisetag. Das Annenthal, das Marienthal, die Landgrafenschlucht, der Felsenstieg, die Wartburg, Eisenach, die Hörseelberge	121—154

Seite

Neunter Reisetag. Der Meisenstein, das Emsethal, der Lauchagrund, die Marienhöhle, Friedrichsroda, die Schauenburg, die Tanzbuche, Reinhardsbrunn, Schnepfenthal, Waltershausen, Schloß Tenneberg . . . . 155—189

Zehnter Reisetag. Letzter Spaziergang, Abschied von Ruhla . . . . 190—196

Anlage A. Bade-Reglement von Ruhla . . . . . 197—201

Anlage B. Reise-Route durch die übrigen Theile des Thüringer Waldes von Ruhla aus . . . . 202—224

Berichtigung von Druckfehlern.

Seite 12.	Z. 1.	statt:	und uns trägt	lies: und trägt uns
" 18.	" 8.	"	1100	" 1000
" 46.	" 27.	"	umrangt	" umrankt
" 56.	" 11.	"	1900	" 1800
" 112.	" 3.	"	welche mit	" welche draußen mit
" 161.	Anmerk. letzte Zeile,	statt:	Dalenberg	lies: Datenberg
" 203.	" Zeile 2.	"	Altenbroza	" Altenberga
" 217.	Zeile 23.	"	einer	" seiner

Zehn Tage in Ruhla.

Ermüdet von dem wirren Getriebe der Residenz, erschöpft von den Anstrengungen des Tages, abgestoßen von den endlosen Gesprächen über Politik, Börsencourse und Theater, den drei mächtigsten Faktoren großstädtischer Geselligkeit, die das Herz so kalt und den Kopf so leer läßt, sehnte ich mich ins Freie, unter einfachere schlichtere Menschen, bei denen mein Ohr verschlossen bliebe vor dem Wortgefechte über Rußland und Frankreich, über die Ost- und die Nordbahn und vor dem nicht minder erbitterten über Bühnen-Heroen und Heroinen, — und wo ich, versenkt in die Wunder schönerer Natur, mich Gott näher, und von seinen Schöpfungen beseligter fühlen dürfte. — Was konnte mich da wohl mächtiger zu sich ziehen, als **Thüringen und sein herrlicher Wald**, Deutschlands schönster Gau und sein lehrreichstes Gebirge; — zugleich sein historisch berühmtestes Land! —

Hier war es, von wo aus Bonifazius Winfried zuerst das Licht eines reinen Glaubens über Deutschland ausstrahlen ließ; wo Luther, als die reine göttliche Flamme durch Irrthum umdüstert war, die Nebeldünste verscheuchte, und in seiner Bibelübersetzung uns ihren klaren, erquickenden Strahl wiedergab.

Hier entfaltete die weltlichere Schwester der Religion, die heitere Poesie ihre ersten Blüthen, und der Sängerkampf auf der Wartburg trug die Triumphe deutschen Gemüths zuerst in ferne blühende Länder. Hier sproßte sie später am Hofe kunstsinniger Fürsten in herrlichster Blumenfülle auf, und die Namen Goethe, Schiller, Herder, Wieland verklärten das Land zur Unsterblichkeit. Hier ragen die Trümmer stolzer Burgen empor und ernster Klöster, Zeugen kräftiger Mannheit und Zufluchtsstätten erster deutscher Bildung, und die Sage umschleiert sie mit vielfarbigem duftigem Gewande; hier blühen Städte, Flecken und Weiler in üppig grünenden Gärten, bewohnt von herzigen Menschen; und hier gründete Gott seine Hochaltäre, himmelanragende Berge, bedeckt von der Wälder ewigem Grün, durchzogen von wonnigen Thälern, und umrauscht von krystallhellen Bächen, Herz und Auge mächtig entzückend! —

Doch wohin in dem reichen Lande mich wenden, auf daß es von seinen Zaubern mir die herrlichsten böte? — Es hat ja in seinen Bergen der lieben, süßen Stellen so viele, jede mit anderen berauschenden Eigenthümlichkeiten, jede mit anderen Reizen geschmückt! — Da ist der Osten des Gebirges mit Schwarzburg, dem Schwarzathale und Paulinzella; dort sein mittlerer Theil mit dem idyllischen Ilmenau und seinen nahen und weiteren Ausflügen, alle voll unendlicher Schönheit; dort sein südlicher Abhang mit Suhl, Zella, Schleusingen, Meiningen und dem ehrwürdigen Schmalkalden. — Ich wählte für mich den reichsten Abschnitt, den nordwestlichen Theil, die Gegend zwischen Eisenach, Liebenstein und Reinhardsbrunn mit ihrem Inselsberge und seinen mächtigen Vasallen. Was alle übrigen Gegenden des Gebirges nur vereinzelt zur Anschauung bringen, hier ist es in enger Nähe im reizvollsten Wechsel vereint: historische

Berühmtheit auf politischem und geistigem Gebiete, Großartigkeit und Lieblichkeit der reizendsten Natur, stolze Berge, sinnige Thäler, helle, sprudelnde Bäche auf smaragdnen Wiesenteppichen, schroffe Felsen, schattige, ahnungflüsternde Wälder. Nirgends konnte ich in so enger Gränze volleren und reicheren Genuß finden. —

Wie glücklich der, dem es vergönnt ist, hier jedem Bache bis zur Quelle zu folgen, jedes Thales liebliche Wendung zu durchspähen, jede Höhe zu erklimmen, um die lachende Landschaft, die düsteren Klüfte umher in immer wechselnder Form zu schauen.

Doch die Zeit des Reisenden ist in der Regel gemessen; er muß sich an den hervorragendsten Punkten begnügen, und nur darauf denken, wie er am besten sie finde. — Der Zug der Wanderer, der jedes Jahr mächtiger hierherströmt, sucht sie auch auf, allein mich dünkt, wenn ich ihn seine Straße ziehen sehe, nur mit zweifelhaftem Genusse. Den bisherigen Reisebüchern zufolge hat sich ein schablonenartiger Weg gebildet, den alle wandern, und von welchem sie, da Gewohnheit mächtig ist, schwer abzubringen sind. Sie münden von Eisenach in den Landstrich ein, pilgern am ersten Tage über die Wartburg durch das Marien- und Annenthal, die Landgrafenschlucht, die Hohe Sonne, den Hirschstein und die Felsengrotte nach Wilhelmsthal; wandern am zweiten in steigender Ermattung über Altenstein nach Liebenstein; schleppen am dritten sich durch das Drusenthal den Inselsberg hinauf, und kommen am vierten Tage über Reinhardsbrunn bei der Eisenbahnstation Waltershausen ermüdet und übersättigt wieder an, um von dort aus ihren Wanderstab weiter zu setzen. So jagen sie die Reize der himmlischen Natur in Parforcemärschen ab, lassen unzählige der schönsten Punkte unberührt, bleiben mit der eigentlichen Natur des Landes unbekannt, und bringen nur verworrene Bilder von demselben in die Heimath zurück, ohne wahren Genuß gehabt zu haben, oftmals noch schmollend und der Reiselust abhold. Den Einen verstimmte die Menge der ewig wechselnden Bilder, die sich mit ihren Eindrücken auf ihn stürzten, so daß er eins über das andere schnell vergessen, und doch durfte er sich wieder sagen, daß er noch Vieles vernachlässigen gemußt; den Zweiten machte das unbehagliche Gasthausleben unwirsch, und schlechtdurchwachte Nächte raubten dem folgenden Tage die Genußfrische. Ein Dritter ertrug die pausenlose Geschwindwanderung über Berge und Thäler nicht, und steigende Ermattung verschloß seine Augen vor den nächsten Schönheiten der Natur.

Was Wunder also, wenn — um gleichem Mißgeschicke zu entgehen — ich der allgewohnten Art zu Reisen entsagte, mir auf einige Zeit das Centrum des Landstrichs, **Ruhla,** zur flüchtigen Heimath erkor, und nun von dort aus die Gegend kreuz und quer nur als schlichter Spaziergänger durchzog? — Auch meiner Reise war bloß eine kurze Frist — zehn Tage — vergönnt gewesen; und um von ihr wahrhaften, vollständigen Genuß zu gewinnen, ohne des Lebens gewohnte Behaglichkeit mir zu rauben, und meinen Körper zu erschöpfen, erschien mir dies ja als einziger, als der zweckmäßigste Weg. Mich hatte die Karte gelehrt, daß der Besuch jeder hervorragenden Partie dieses Gebirgsabschnitts von **Ruhla** aus nur als ein bequemer Tagesausflug erscheine. Den Abends Zurückkehrenden konnte das gewohnte behagliche Stübchen empfangen, und immer dieselbe Häuslichkeit in einem geräuschlosen Hause. Sollte ein Regentag eintreten, der die Schablonenpartie um so verdrießlicher hemmt, als der erzwungene Aufenthalt in Gasthäusern in der

Regel mit bedeutenden Kosten und mit unbesiegbarer Langerweile verbunden ist; oder sollte ich mich ermattet fühlen, so konnte ich behaglich im Städtchen rasten, ohne weiteren Kostenaufwand, und in angenehmer Geselligkeit, welche theils die bekannte Gemüthlichkeit der Bewohner von Ruhla, theils das aufs Neue ins Leben gerufene Bad des Oertchens mir sicher versprach. Und ich hatte mich nicht verrechnet. Bei höchst geringem Kostenaufwande *), bei fast heimathlicher Behaglichkeit, wurden jene zehn Tage für mich eine Quelle reichen Genusses, und die Stunden, die ich in Ruhla durchlebte, werden mit sanftem Glanze mein ganzes Leben überstrahlen.

---

*) Inwiefern diese Art, den Nordwesten des Thüringer Waldes zu bereisen, in der That die am wenigsten kostspielige ist, da schon eine Wohnung in Ruhla für die Zeit von 10 Tagen kaum den Preis eines einzigen Nachtquartiers in den Gasthäusern an der Landstraße übersteigt, darüber bitte ich, den dritten Reisetag zu vergleichen.

Erster Reisetag.

Abreise von Berlin.

Es war ein herrlicher Morgen, der seinen Gruß uns entgegensandte, als wir zum Anhaltischen Bahnhofe hinauszogen, und im Coupé des Waggons zur weiten Reise uns behaglich einrichteten. Die Kinder, voll stürmender Ungeduld, konnten das Signal kaum erwarten. Da läutete die Glocke ¼ auf 9 Uhr, ein gellender Pfiff erscholl, das Dampfroß brausete mächtig auf, und der Bahnzug schoß über die Brücke des Canals ins Freie hinaus, die weiten Massen der Häuser bald in der Ferne hinter sich lassend.

Eine Vergnügungsreise nach Thüringen hat durch das Eingehen des Abend-Personenzuges eine große Annehmlichkeit verloren. Man fuhr um 10 Uhr ab, Nacht verbarg dem Auge die dürftigen Ebenen der Mark, und, wenn die Sonne emporstieg, beleuchtete sie mit ihren ersten Strahlen das herrliche Saalthal. Der Schnellzug, der jetzt den Abendzug bildet, scheint mir nicht zweckmäßig zur Benutzung, wenn es sich um eine bloße Lustfahrt handelt. So lange es noch Tag, bieten sich nur uninteressante Landschaftsbilder dar. Die süßesten Gefilde werden zur Nachtzeit durcheilt, und, was gerade eine Reise nach

Thüringen so anmuthig macht, der wachsende Eindruck des Entzückens an den immer schöner werdenden Gegenden, wird nicht gewonnen. Am besten benutzt daher der Lustreisende den Frühzug, und, wo auf den dürftigen Fluren, die er anfänglich durcheilt, die Natur ihre Genüsse ihm versagt, ruft er sich ins Gedächtniß zurück, was sie historisch oder industriell darbieten, um, wenn ein anderes Gespräch nicht in den Gang kommen will, hieraus beim flüchtigen Vorüberrauschen flüchtigen Genuß zu schöpfen. Und wer nun gar Kinder um sich hat, denen alles noch neu ist, der hat selbst hier des Stoffes genug, um von Station zu Station die Zeit durch mannigfache Mittheilungen interessant auszufüllen.

Die Flur von **Groß=Beeren**, so öde sie daliegt, erinnert uns an die Schlacht, die im Jahre 1813 dort geschlagen worden, und stolz gedenken wir der Helden Preußens, die dort gesiegt. **Luckenwalde**, mit seinen Tuchfabriken, giebt uns Stoff, den mächtigen Einfluß der Industrie zu betrachten, und uns dabei der Verdienste des Geheimen Commerzienraths Carl zu erinnern, dessen berechnender Thatkraft das Städtchen einen großen Theil seiner Blüthe verdankt. Auch von dem alterthümlichen **Jüterbock**, wo dereinst der falsche Waldemar seine Hofhaltung gehabt, wird sich manches erzählen lassen. Noch jetzt muß man die Keckheit des Abentheurers anstaunen, der, ein verschmitzter Müllergesell, so viele Deutsche Fürsten und selbst Kaiser Karl IV bethören, und die ganze Mark, mit Ausnahme von drei treuen Städten, Frankfurt a. O., Spandau und Brietzen, hatte an sich reißen können. Mächtiger aber bewegt uns **Wittenberg**, das in schneller Folge seine Thürme am Horizonte auftauchen läßt. Sinnend betrachten wir die schöne Schloßkirche, in der Luther das Werk der Reformation begonnen, und wo an der Gruft des Gestorbenen selbst **Karl V** mit frommer Ehrfurcht gestanden, und durch die strengen Worte: „mit den Todten führen wir keinen Krieg!" der Entehrung der heiligen Ueberreste gewehrt hatte. Wir denken der erhabenen Fürsten, die hier gewaltet, und für Glaubensfreiheit bis zum Untergange gekämpft. Auch die Merkwürdigkeiten der Stadt aus neuerer Zeit, die sauberen Festungswerke, ziehen unsere Aufmerksamkeit auf sich. Das Gartenländchen **Anhalt** ist bald erreicht. Ueppigere Wälder lachen schon von der Elbe herüber; der schmucke Thurm von **Wörlitz**, dessen reizend eingerichteter Garten einst ein besuchter Vergnügungsort war, grüßt aus ihnen hervor; **Coswig** präsentirt sein altes Schloß; die Elbe, über deren weiten Spiegel wir bei **Roßla** fliegen, ihren gewaltigen Brückenbau; **Dessau**, mit vielversprechender Miene, seine Thürme und Fürstenschlösser, voll der mannigfaltigsten historischen und künstlerischen Merkwürdigkeiten, nach und nach aufgesammelt von der einstmals weithin herrschenden Fürstenfamilie. Sie hatte auch der Mark eine glorreiche Reihe von Markgrafen, und in späterer Zeit dem Preußischen Königshause einen der berühmtesten Generale gegeben. — In **Cöthen** ziehen Gegenstände beschwerlicherer Art unsere Aufmerksamkeit auf sich. Wir müssen uns hier an den Zug anschließen, der von Magdeburg nach Leipzig fährt, da wir mit ihm bis Halle weiter fahren. Schnell, sobald wir angekommen, suchen wir ein neues Coupé auf, und können deshalb kaum dem prächtigen Bahnhofe einen flüchtigen Blick widmen.

Der fortstürmende Wagen bringt uns alsbald in die weite fruchtbare Ebene, die, übersäet mit Städten und Dörfern, bis Weißenfels hin sich vor uns öffnet. Im fernsten Westen lagert in duftiger Bläue der Harz; dicht neben uns, rechts von der

Bahn, als einzige namhafte Erhebung in dem mächtigen Plateau, der stolze Petersberg, in dessen nun wieder ausgebauter Kirche die Begräbnißstätte der Grafen von Wettin, der Stammältern vieler Fürsten, sich befindet. In **Halle** nehmen die Wagen der Thüringer Bahn uns auf. Eine lange Pause vergönnt uns, einige Erfrischungen zu genießen, und gewährt uns Muße, die altehrwürdige Stadt vom Bahnhofe aus, von da sie sich in die Tiefe hinabzieht, näher zu betrachten. Die erhabene Marienkirche mit ihren vier Thürmen, an die sich der Marktthurm eng anschließt, barg eine Nacht hindurch Luther's entseelte Hülle, als sie nach seinem Tode von Eisleben nach Wittenberg hinübergebracht wurde. Die hervorragenden Giebel des Waisenhauses erinnern uns an den frommen Stifter, August Herrmann Franke, der unter Gottes sichtlichem Beistande aus so Geringem so Großes schuf. Der Thurm der Residenz bezeichnet uns den Ort, wo Karl V nach dem schmalkaldischen Kriege dem gefangenen Landgrafen Philipp von Hessen sein Urtheil verkündete. Die daneben liegenden Trümmer der Moritzburg mahnen uns an die Gräuel des dreißigjährigen Krieges, in welchem Pappenheim den Prachtbau zerstörte. Die dunklen Rauchwolken über der Stadt künden die Stelle an, wo Karl der Große Deutschlands erste Salzwerke gründete, und zu ihrer Betreibung einen Verein sich bilden ließ, der — die Halloren — noch jetzt in seiner abgeschiedenen Reinheit sich erhält. Die frischen kecken Gesichter einiger Musensöhne, die mit gleichgültiger Neugier die Wagen umstehen, lenken unsere Aufmerksamkeit auf die Universität, die nach langen Jahrhunderten noch jetzt in Jugendfrische hier blüht, sowie auf die zahlreichen großen Männer, die hier gewirkt. Leider bleibt uns der Blick in das reizende Saalthal verschlossen, das nach dem Bade Witte=

kind und der gleichnahen Ruine Giebichenstein führt, der hohen Bergfeste auf steilem Felsen, auf welcher der Landgraf von Thüringen, Ludwig der Springer, vom Erzbischofe zu Magdeburg gefangen gehalten wurde, und durch einen kühnen Sprung aus dem Thurmfenster in die Saale hinunter zur Flucht sich rettete.

Doch fast mehr noch und Merkwürdigeres bietet die Stadt **Merseburg** uns dar, die wir nach wenigen Minuten erreichen, ein imposantes Bild mit dem siebenthürmigen Dom und dem reichen Häuserkranze ringsumher, aus dem zur linken Hand der Stadt der Ständepalast und das Orangeriehaus im Schloßgarten bedeutungsvoll hervorragen. Kaiser Otto der Große gründete das Hochstift, und eine lange Reihe gewaltiger Männer, Kaiser, Bischöfe und Herzöge beherrschten von hier aus das Land. Reiche Sagen und große Thaten knüpfen sich an ihr Leben. Hier wurde die Barbarenhorde der Hunnen, die so weit vorzudringen wagte, vernichtet; hier verlor der Gegenkönig, Rudolph von Schwaben, im Kampfe der Schlacht die Hand, mit welcher er seinem Kaiserlichen Herrn die schnöde gebrochene Treue geschworen hatte. Noch jetzt wird sie im Dome, nebst anderen Merkwürdigkeiten aus verschiedenen Zeiträumen, als Reliquie gezeigt. Auch sein Grab im hohen Chore ist zu schauen; tief in den Gewölben des Domes aber die Särge der späteren Herzöge, reichverzierte Prunkgemächer des Todes.

Wir wenden weitereilend den Blick von der Stadt in's Freie hinaus. Bald zeigt sich jenseits der Saale eine lange Reihe von Gradirwerken, angelehnt an ein thurmähnliches bedeutendes Gebäude. Es ist die reiche Saline Dürrenberg. Darüber hinaus die beiden Thürme auf weiter Fläche, die Stadt Lützen, inmitten ihres Schlachtfeldes, wo 1632 Gustav Adolph, der fromme König der Schweden, das glorreiche Ziel seiner Laufbahn fand, und 1813 Napoleon geschlagen wurde; zu unserer Rechten die weiten Ebenen, das Gefilde, wo einst Friedrich der Große die bewundernswürdige Schlacht bei Roßbach schlug; das majestätische Schloß, das, thronend auf steilem Felsen, bald uns entgegentritt, der nun verödete Fürstensitz von **Weißenfels**, welches mit lebendigem Leben in gartenumkränzten Häusern sich von den Ufern der Saale um die Felswände hinaufschlingt.

Die Zauberin Natur beginnt jetzt reicher zu wirken. Das romantische Saalthal breitet sich vor uns aus. Felsen erheben sich am Rande des lebendigen Flusses, üppige Wiesen lagern daneben, Laubwälder und Rebengelände kränzen die Höhen. Bald liegt rechts auf einem sanften Abhange die wohlerhaltene Burg Goseck, noch jetzt bewohnt von hervorragenden Männern; zur Linken dann auf schroffer Felswand, hart über einen in Wiesen langhingedehnten Wasserspiegel, der ihr Bild zurückstrahlt, die geheimnißvolle Ruine der Schönburg; weiterhin, im Schooße der Rebhügel, **Naumburg** mit seinem dreithürmigen, architektonisch berühmten Dome, unter dem die noch wohlerhaltene Krypta die höchste Aufmerksamkeit des Beschauers verdient; ihm gegenüber, uns zur Rechten, das weite Thal der Unstrut, mit dem lachenden Freiburg, der letzten irdischen Heimath Jahn's; wieder links, sobald wir die Unstrut überschritten, Schulpforta, die alma mater geistiger Größe, wo Klopstock die Gesänge seines Messias schon vorempfand. Durch **Kösen** und **Sulza**, die freundlichen Badeorte und Salzwerke, mit den köstlichen Promenaden auf den umgränzenden Höhenzügen, stürmt der Zug. Zwischen beiden ragen auf schwindelnder Höhe mächtiger Sandsteinkolosse die Ruinen von Saaleck und der Rudelsburg empor. Bei Sulza, schon auf Weimarischem Gebiete, öffnet sich uns zum ersten Male das traute Thal der Ilm, des Deutschen Dichterflusses, und uns trägt in seiner grünen Hügel-Umkränzung eine Fülle lieblicher Erinnerungen entgegen; und nun thut **Thüringen** seine Thore weit vor uns auf! —

O, welch ein süßer Wechsel von Hügel und Thal, von Berg und Schlucht, üppig umwogt vom reizvollsten Grün der Saaten, durchblitzt von sanften Silberbächen, belebt von zahllosen Dörfern, die bald von den fernen Höhen, bald tief unter uns von den glänzenden Wiesenteppichen uns anlachen! Bei **Apolda** und über seinen 80 Fuß hohen Viadukt fliegen wir vorüber. **Weimar**, dem Goethe, Schiller, Herder und Wieland Unsterblichkeit verliehen, und wo noch jetzt mannigfache Heiligthümer, geweiht von dem Geiste der erhabenen Dichter, zu schauen sind, ist in Kurzem erreicht. Von fernher schon erblickten wir es von der Höhe herab; jetzt liegt es tief unter uns inmitten des sanften Bergkessels, der ringsum in meilenweiten Entfernungen bis zum Fuße der Gebirge sich erhebt, überschaut von seinen Thürmen und seinem Fürstenschlosse, in welchem so Großes gedacht und vollendet worden, gekrönt von seinen Parks, dem duftigen Belvedere, und — rechts von der Bahn — dem breithin gelagerten Ettersberge mit seinem waldigen Rücken. Wir treten auf die Terrasse des Bahnhofes und genießen, so lange uns Frist gegönnt ist, des zauberisch schönen Bildes mit wehmüthig schmerzlichem Entzücken. Doch weiter rollt es fort. In blauer Ferne grüßen uns schon des Waldgebirges höchste Spitzen, und vor uns breitet das ehrwürdige **Erfurt** sich aus. Aus seinen 27 Thürmen ragt am imposantesten der Dom hervor, der glänzenden Schätze in seinen Mauern sich wohl bewußt, mit der gewaltigen Glocke, die ihres Gleichen in Europa nicht mehr hat. Unfern davon der bescheidene Augustinerthurm, in dessen Kloster Luther dereinst als Mönch gewirkt. Zwei stolze Citadellen, der

Petersberg und die Cyriaksburg, beherrschen die geschichtlich hoch-berühmte Stadt, die nur durch mächtige Festungswerke hindurch uns den Eintritt gestattet. Ein liebliches Thal empfängt uns, wenn wir sie wieder verlassen. Es umschließt die berühmten Gemüse-Anlagen, die sogenannten drei Brunnen; — umkränzt von der vielthürmigen alterthümlichen Stadt, der Citadelle Cyriaksburg, dem malerisch in Bergen eingebuchteten Dorfe Hochheim und dem langgedehnten Steigerberge mit seinen freundlichen Landhäusern; und in der engeren Umringung zahlreicher frischer Gärten, gewähren dieselben mit ihren von vielfachen Gräben durchschnittenen Parketts einen überaus reizenden Anblick. Nicht minderer Zauber umweht das schmucke herrnhutische **Dietendorf**, mit seinem Blicke auf das emportauchende Gebirge hinauf, und in das Freudenthal hinab, in welchem auf hohen Felsen die drei Gleichen lagern, alte zerfallene Burgen, von denen Geschichte und Sage Vielfältiges zu erzählen weiß. Aus ihnen stieg der alte Graf von Gleichen hinab, als er, beweint von seiner treuen Gattin, in den fernen Orient im Dienste des Kreuzes zog. Hieher kam er zurück, verbunden mit der zweiten Gemahlin, der Morgenländerin, die ihn aus der Gefangenschaft befreit. Der Papst hatte die Doppelehe gesegnet, und beide Gattinnen lebten in herzlicher Eintracht an der Seite des Gemahls. Der Dom in Erfurt umschließt ihre Gebeine, ein Leichenstein in ihm stellt sie uns lebend dar.

Näher und näher tritt das Gebirge an uns heran; wir eilen am Seeberge, der Gotha's Sternwarte trägt, vorüber; **Gotha** selbst empfängt uns, die freundliche Stadt, mit ihrem die Gegend weithin beherrschenden, von Kunstschätzen reich angefüllten Schlosse *Friedenstein*, von dessen Terrasse sich die bezauberndste Aussicht auf das Panorama des Gebirges darbietet. Der *Insels-*

berg wächst mächtiger empor, und zieht uns gastlich zu sich hinüber; unter ihm, hart am Fuße der Berge, nickt das trauliche Waltershausen mit seinem glänzenden Bergschlosse Tenneberg uns freundlich zu. Von Dorf zu Dorf, jedwedes immer reizender gelegen, fliegen wir. Immer gewaltiger thürmen sich zu unserer Linken die Massen der Gebirge empor. Nach allen Seiten hin wird die Aufmerksamkeit mächtig angezogen; Landschaftsbilder, voll reichen Zaubers, drängen und verdrängen sich; nirgends haftet der Blick lange, kaum daß wir dem Hörselberge, dem sagenreichen, der rechts von uns, dicht neben der Bahn, seine kahlen Felswände schroff in die Höhe dehnt, ein tieferes Interesse schenken, und aufmerksamer nach der Pforte schauen, an welcher der getreue Eckardt noch jetzt wachen soll, um dem Ritter Tannhäuser den Eingang zur heidnischen Frau Venus zu versperren. Eine vorgelagerte Bergecke schiebt mit einer Biegung des Weges sich fort; und siehe! Thüringens Juwel, die Wartburg, strahlt uns entgegen, schon geröthet von der bald scheidenden Sonne, die ihr Gold in alle Fenster wirft, und es mit duftigem Schleier über die Dächer ausbreitet. In **Eisenach** hält der Zug.

Ein bereiter Wagen *) trägt uns schnellen Fluges nach Wutha zurück, dort biegt er gerade auf das Gebirge zu in ein

---

*) Auf dem Bahnhofe zu Eisenach findet man jederzeit Droschken, welche einige Wanderer mit wenigem Gepäcke für den Preis von 1 Rthlr. 10 Sgr. sofort nach Ruhla fahren. Familien, die mehreres Gepäck bei sich führen, thun am besten, im Voraus in Ruhla einen Wagen zu bestellen, der dort bei dem Kaufmann Schilling für den Preis von 2 Rthlrn. zu haben ist (vergl. Dritter Reisetag). So-

kommendes Thal scharf ein; das Thal der Ruhl oder des Erbstromes liegt vor uns. Der Zauber großartiger, hinreißend schöner Natur wächst in mächtigeren Kreisen um uns empor. Wir durcheilen das schmucke Dorf Farrnroda. Berge und Felsen treten näher an uns heran, gewaltigere Bergkolosse überragen sie; in schwindelnder Höhe dehnen sich lustige Buchenwälder, durchmischt von Gruppen düsterer Tannen, ihre Abhänge hinauf, und winken zur süßen Rast. Und siehe da! — mitten im Thale erhebt sich wie ein alter Riese, als wolle er den Weg uns versperren, der schroffe, lieblich bewaldete Felskegel des Scharffenberges mit der prächtigen Thurmruine des Scharffensteins, — ein zauberischer Anblick! — Tief unten, neben ihm in enger Schlucht, das Dörfchen Thal. Der Riese aber regt sich nicht, und rasch schlüpfen wir an ihm vorüber, gerade hinein in die Berge, die sich hinter dem alten Kloster Heiligenstein zu solcher Enge verschließen, daß ihre steilen dichtbewaldeten Wände kaum der Chaussée und dem Erbstrome, der in tausend Wasserfällen hier die schmale Wiese hinabstürmt, den Raum zum Nebeneinanderlaufen mehr vergönnen. Dieselbe Thalesenge begleitet uns bis **Ruhla** hin, das wir endlich, in dem tiefen, von allen Seiten geschlossenen Bergkessel in süßer Abgeschiedenheit ruhend, nach zweistündiger Wagenfahrt

---

bald — was die Eisenbahn-Fahrpläne ergeben werden — schon in dem Stationsorte Wutha, vor Eisenach, eine Güter-Expedition eingerichtet worden, wird es jedoch am zweckmäßigsten sein, hier, eine Stunde von Ruhla, abzusteigen, und den Wagen hieher zu bestellen. Für jetzt bleibt Eisenach der gelegenste Stationsort.

erreichen. Ein auf die Dauer unseres Aufenthalts vorausbestelltes Quartier nahm die recht müden Pilger gastlich auf. *)

*) Es mag ungerechtfertigt erscheinen, daß ich in dem vorstehenden Abschnitte die Hauptmerkwürdigkeiten einzelner Orte so genau aufgeführt habe; doch ist es mit Absicht geschehen. Einmal ist es interessant, wenn der Reisende bei jedem hervorragenden Punkte, der sich ihm darstellt, sich sofort genau Rechenschaft geben kann über das, was vor ihm liegt. Andererseits möchte es für diejenigen, welche eine Lustfahrt vor sich haben, und über eine ausgedehntere Zeit gebieten können, auch zweckmäßig sein, die immerhin langwierige Fahrt bis Eisenach in Unterbrechungen zurückzulegen und in den einzelnen Städten zu verweilen. Namentlich eignet sich hierzu Halle, Merseburg, Naumburg, Kösen, Weimar, Erfurt und Gotha. Eine solche Reise läßt sich z. B. in folgender Art recht bequem einrichten. Man fährt zunächst bis Halle, woselbst man um 1 Uhr Mittags ankommt, und im Thüringerhofe logirt. Am andern Morgen 9 Uhr geht es nach Merseburg, von dort um 2 Uhr nach Kösen, und Abends 9 Uhr weiter bis Weimar, woselbst man im Erbprinzen ein gutes Unterkommen findet. Am andern Nachmittage 4 Uhr reist man weiter fort bis Eisenach. — Auf der Rückreise fährt man früh bis Gotha, und von dort um 12 Uhr nach Erfurt, wo man in Silber's Hôtel übernachten kann. Am andern Morgen 7 Uhr reist man bis Naumburg, und von hier Nachmittag 2½ Uhr bis Berlin zurück. So vermeidet man Uebermüdung und hat Nutzen von der Reise. Das überflüssige Gepäck wird irgend einem Kofferträger der Eisenbahn an jedem Stationsorte in Verwahrung gegeben. —

Zweiter Reisetag.

Der Marktflecken Ruhla.

Der herrlichste Schmuck des Thüringer Waldes ist die Fülle seiner idyllischen Thäler, welche, von silbernen Bächen durchrauscht, sich vom Rücken des Hochgebirges oft meilenlang nach allen Richtungen hin in die Fläche erstrecken. In einem der lieblichsten haben wir unsere Heimath aufgeschlagen. Das Thal des Erbstroms ist zwar nur kurz und kann bequem in drei Stunden durchwandert werden, gleichwohl birgt es den reichsten Zauber in seinem Schooße. Von Süden nach Norden hin vom Kamme des Waldes sich niedersenkend, wird es von tausendfußhohen steilen Bergwänden umgeben, die eng zusammengedrängt in mannigfachen Windungen zu beiden Seiten des Flüßchens bis hart an sein Ufer hinabsteigen, und erst bei dem Kloster Heiligenstein sich weiter von ihm entfernen. Zur Rechten lagert der machtvolle westliche Abhang des 2200 Fuß hohen Breitenberges, eine halbkreisförmige Wand von fast zweistündiger Ausdehnung, welchem am unteren Ausgange des Thals der Schoßberg sich anschließt. Am linken Ufer des Flusses, jene Berge in unmittelbarer Nähe umragend, steigen in einem weiten Halbzirkel der Mühlrain, der Dornsenberg, der Engstieg, der Bermer und der Ringberg empor. Ein frischer Wiesenplan schmückt den schmalen Raum, den zu ihren Füßen die Berge am Flusse noch übrig gelassen.

Auf so einsamer Stelle liegt, rings umschlossen von dem undurchdringlich scheinenden Bergkessel, der Marktflecken **Ruhla**, im Landessprachgebrauche „die Ruhl“ genannt. Theils in die engen Wände fest eingeklemmt, theils an den Abhängen empor, steigt er die allmählig sich erhebende Thalschlucht in fast einstündiger Länge hinan; an ihrem untern Ende 1100, am obern 1400 Fuß über der Meeresfläche. Ueberall den Windungen des Flusses folgend, schlingt er sich an dessen Ufern, zumeist nur in einer einzigen Straße, durch die Berge fort. Bloß da, wo die zu seiner Linken gelegenen Höhen sich trennen, und wo sich ihre schroff herabfallenden Thaleinschnitte am Ufer des Flüßchens zu kleinen Wiesen verflachen, ist ihm Raum zu Nebenstraßen gegeben. Dichte Buchenwaldung, durchmischt von nur sparsamen Tannengruppen, bedeckt am untern Eingange des Thals die Bergwände vom Gipfel bis zum Fuße hinab. Wo die Stadt beginnt, hat die majestätische Pracht dieses Waldes zumeist anderen Bedürfnissen weichen müssen. Hier umlagert sie nur noch die Gipfel der mächtigen Anhöhen, jedoch mit weit in das Thal hinabgehenden Kronen. Die unteren Theile der Bergwände, mehrere hundert Fuß hinauf, sind unmittelbar hinter den Häusern von Gärten, Feldern und Wiesen umzogen, deren Anblick uns neue Reize gewährt. Frische Buchenhecken in mannigfachster Form laufen dort malerisch auf und ab; helle Kieswege glänzen aus ihnen hervor; der reizende Schmuck buntfarbiger Blumen belebt sie, nicht minder die stolzere Pracht der herrlichsten Zierbäume, Eschen, Taxus, Ahorn, Eichen, Linden und Blutbuchen, die in reichen Gruppen aus dem verschlungenen Parkete der Hecken hervorschauen; alles im holdesten Wechsel durcheinander, und nach oben hin von den dunkleren Waldeskronen lieblich und ernst überragt.

Bequeme Parkwege führen über diesen Anlagen am Saume der Wälder auf den Bergwänden zu beiden Seiten des Fleckens hin, oft in schwindelnder Höhe über den tief unten liegenden Straßen, und bieten auf jeder ihrer Biegungen neue Ansichten über den großartigen Thalkessel, der das Städtchen in seinem Schooße birgt. Ach, es ist ein gar zauberischer Anblick, wie es von dort herabgesehen so traulich daliegt in des Thales Enge auf saftigem Wiesenplane. Der sprudelnde Fluß durchrauscht es, die Straßen theilend, in tausenden von Wasserfällen, und aus jeder Thalschlucht gesellen sich ihm neue krystallhelle Sturzbäche zu. Holländische Reinlichkeit schmückt die glänzenden Häuserchen, die, hier in weißem Abputz, dort schweizerartig in Fachwerk, zumeist zwei, bisweilen auch drei Geschoß hoch, mit ihren hellgrünen Fenster- und Gartengittern bunt durcheinander gewürfelt umherstehen. Ehrwürdig erheben sich seine beiden Kirchen auf sanften Hügeln, umkränzt von denkmalgeschmückten Friedhöfen. Heerdengeläute ertönt von den Matten; lebendiges, gewerbthätiges Treiben klingt aus Häusern und Gassen herauf. Und ringsum die reizenden Gartenwände, die es mit reichschmückendem Kranze fest einfassen; und über ihnen die waldigen Riesenhäupter der festgeschlossenen Berge, die den blauen Himmelsdom als duftigen Baldachin darüber hinhalten! — Mit stets erneutem Entzücken, je öfter man an dem holden Bilde sich weidet, ruhet das Auge auf der berauschenden Schönheit, und sie schmiegt sich der Seele so innig an, daß kaum ein Losreißen vergönnt ist.

Billiger Weise widmen wir den socialen Interessen des Städtchens, seinen inneren Einrichtungen und seiner Geschichte die beiden ersten Tage unseres dortigen Aufenthalts, und finden die Zeit vortrefflich genug angewendet.

Dasselbe faßt in ungefähr 6—700 Häusern etwas über 4000 Menschen in sich. Es liegt theils auf Weimarischem, zum größten Theile jedoch auf Gothaischem Gebiete. Der Erbstrom, welcher der Länge nach mitten durch den Ort fließt, macht die Gränze; die Theilung wurde im Jahre 1640 unter den Söhnen Johann's von Weimar vollzogen, und ist leider der Grund, der die Erlangung von Stadtrechten an den immerhin bedeutenden Ort zu seinem Nachtheile verhindert. Es bestehen demgemäß in Ruhla zwei besondere Gemeinden, jede unter anderer Hoheit, jede mit einer eigenen Kirche, einer eigenen Schule und mit eigenen Behörden. Zwischen beiden aber herrscht vollständige Freizügigkeit.

Was das Alter des Fleckens betrifft, so wird seiner schon in Urkunden des zwölften Jahrhunderts erwähnt, nur soll er höher hinauf an einer Stelle des Thals gelegen haben, die noch jetzt „die alte Ruhl" genannt wird. Mannigfache Sagen knüpfen sich an seine Gründung, wie an seine fernere Geschichte. Hier war es, wo der im Jahre 1171 verstorbene Landgraf von Thüringen, Ludwig der Eiserne, unter dessen anfänglich allzumilder Regierung der Adel die Bauern gewaltig drückte, auf einer Jagdpartie verirrt, an die Werkstatt eines Schmiedes kam, und mit anhörte, wie dieser unter dem beständigem Ausrufe: „Landgraf werde hart," ein Schwert hämmerte. Erstaunt lauschte der Fürst, trat hinzu, forschte nach der Ursache der seltsamen Formel, und erfuhr nun zu seinem Schmerze, wie gerade seine Milde größte Grausamkeit gewesen. Die Geschichte lehrt, wie er die Worte des schlichten Bauern sich zu Nutze gemacht. Sie schildert ihn in der Folge als einen der kräftigsten Regenten, der dem Adel einen eisernen Zaum anlegte. Bei Freiburg an der Unstrut wird noch jetzt ein Feld gezeigt, welches die Edelinge, seine Vasallen, auf sein Gebot in Pflüge gespannt, selbst umgepflügt haben sollen. Es trägt bis heute den Namen: der Edelacker.

Die Gründung des Ortes soll fernhergekommenen Einwanderern zu danken sein. Aus welchem Lande? darüber liegen sichere Nachrichten nicht vor. Einige nennen Ungarn, andere Tyrol, andere sogar Venedig als Mutterland der Ruhlaer. Von Leuten desselben Volksstammes scheinen außerdem die Orte Steinbach und Schweina, im Meiningischen, zwei Stündchen von hier, gegründet zu sein. Sprache, Sitte, Tracht, Körperbildung, Anschauungen und Auffassungen weisen auf eine gemeinsame Abstammung und Zusammengehörigkeit noch jetzt deutlich hin. Die Sprache insbesondere trägt unverkennbare Eigenthümlichkeiten in sich, die sich theils in dem schnarrenden Idiom, theils in einer ganz besonderen Zusammensetzung einzelner Namen ankündiget. Die Tracht der Frauen zeichnet sich nicht minder aus, und wenn letztere in dem Rufe besonderer Schönheit stehen, so trägt zu dem Eindrucke, den sie machen, namentlich das turbanähnlich gewundene Kopftuch, mit den herunterhängenden Zipfeln am linken Ohre, nicht wenig bei. Auch ganz individuelle Liebhabereien charakterisiren die Bewohner Ruhla's von Alters her: Blumen-, besonders Nelkenzucht, Abrichtung von Singvögeln, vornehmlich von Finken, denen viele künstliche Sangweisen angelernt wurden, die wiederum eigenthümliche Namen führten, als: Kühnöl, Wirrgesang, Weingesang, Murmelthier, Gutjahr u. s. w. Der Handel mit diesen Thierchen ging ins Thörigte über, und noch vor 50 Jahren gab Einer gegen einen Finken seine beste Kuh. Eine andere, etwas auffallende, Liebhaberei der Bewohner des Ortes ist das Glockenläuten. Noch jetzt gehen dieselben bis in entferntere Städte hin, um bei vorkommenden Gelegenheiten, weniger aus Liebe zum Erwerb, denn aus Neigung zur Sache selbst, als Läuter zu dienen.

Die Gewerbthätigkeit Ruhla's war von Alters her von großer Bedeutsamkeit. In den frühesten Zeiten blühte hier der Bergbau auf Eisen, auf einer großen Anzahl von Hämmern die Eisenfabrikation und die Waffenschmiedekunst. Einer Volkssage nach soll das Material das vorzüglichste des Thüringerwaldes gewesen sein, und namentlich soll ihm das Eisen, welches bei dem später „Eisenach" genannten Orte gegraben worden, nachgestanden haben, daher der Name: Eisen — nach. Später erhob sich die Messerfabrikation zu einem hohen Flore, und Friedrich der Große zog eine Anzahl Ruhlaer Messerschmiede nach Neustadt-Eberswalde, wo dieselben noch jetzt in einem abgesonderten Stadttheile ihren heimischen Sitten völlig getreu leben.

Alle diese Gewerbszweige, von denen unwissende Reisebeschreiber namentlich den letzteren als noch bedeutend hervorheben *), sind jetzt erloschen, und haben im wechselnden Strome der Bedürfnisse neuen Gewerben Platz gemacht. Seit ungefähr 60 bis 70 Jahren hat hier die Fabrikation von Pfeifen in Thon und Meerschaum begonnen, und hatte sich zu einer solchen Blüthe entwickelt, daß Ruhla nicht bloß über das Gebiet aller europäischen Länder, sondern aller Erdtheile hin, als klassischer Fabrikationsort dieser Artikel gilt. Zahlreiche Fabriken senden ihre Erzeugnisse auf alle Stapelplätze Deutschlands, von

*) Nach einer amtlichen, mir mitgetheilten Statistik, auf welcher auch alle meine übrigen hierher bezüglichen Angaben beruhen, existiren jetzt in Ruhla im Ganzen nur 13 Messeranfertiger!

wo aus sie weiter gehen. Insbesondere verdienen die Meerschaumköpfe, in deren kunstvoller Bearbeitung Ruhla keine Concurrenz hat, große Aufmerksamkeit. Eilf Etablissements*) beschäftigen sich mit deren Anfertigung. 33 Meerschaumkopfschneider bringen dieselben in die köstlichsten Formen, und gestalten sie oft zu wahren Kunstwerken, so daß der Preis eines solchen Kopfes sich bisweilen auf 50—60 Thlr. beläuft. Im Zusammenhange hiermit steht die Anfertigung von Pfeifenröhren, Pfeifenspitzen und Pfeifenbeschlägen von Silber, Neusilber und Plattirung in Gold und Silber; desgleichen das Bemalen der Porzellanpfeifenköpfe. — Köpfe, aus Holz geschnitzt, werden hier nicht fabricirt, sondern zum weiteren Vertriebe aus dem Meininger Oberlande bezogen. — Wie bedeutend dieser Gesammtbetrieb des Pfeifenhandels hier ist, mag daraus hervorgehen, daß außer den Obengenannten damit beschäftigt sind: 190 Pfeifenkopfbeschläger, 10 Beschlägemaschinen-Besitzer, 34 Versilberer, 39 Horndrechsler, 24 Meerschaumfabrikarbeiter, 46 Holzkopf-Lakirer, 3 Thonkopffabrikanten, und 76 Porzellan-Maler: von den 890 hier existirenden Familienhäuptern also 466, mithin mehr als die Hälfte.

Leider aber haben auch bei diesem blühenden Geschäfte die Zeitumstände, und insbesondere der stärkere Gebrauch der Cigarren störend eingewirkt, und wenngleich sich dasselbe in den letzten beiden Jahren wieder ein wenig gehoben hat, so wird

---

*) Unter ihnen zeichnen sich namentlich die Handlungen Ziegler und Greiner, Dreyß und Gebrüder Lux durch vorzügliche Leistungen aus. Die Letzteren haben die Preis-Medaille der Londoner Ausstellung davon getragen.

doch das Interesse der Staatsbehörden für den Flor der Ruhl noch längere Zeit zu wirken haben, wenn die frühere Lebhaftigkeit — und sei es auch in anderen neu aufzufindenden Branchen — wieder zurückgeführt werden soll.

Mit der Malerei auf Pfeifenköpfe hängt die auf Tassen und andere Porzellangefäße zusammen, welche gleichfalls hier in Blüthe steht, und wozu das Material — wie ein Reisebeschreiber sagt — nicht aus Brotterode, sondern aus den berühmtesten Fabriken Thüringens und Bayerns bezogen wird.

Nennenswerth sind ferner: die Porte-Monnaies-Fabrik des Bürgermeisters Bardenheuer, welche, durch Weimarische Staatsgelder unterstützt, schon jetzt gegen 50 Personen beschäftigt, und wöchentlich ungefähr 70 Dutzend fertige Portemonnaies und 250 Dutzend Stahlbügel producirt, jedoch bei einer so beschränkten Anzahl von Personen den eingehenden Bestellungen kaum mehr genügen kann. Von vorzüglicher Schönheit, und mit den Lyonesern wetteifernd, sind die Stickereien, mit welchen diese Arbeiten ausgeziert sind; — sodann eine auf Gothaischem Gebiete so eben eröffnete Fabrik von Stahlfederhaltern und Taschenfeuerzeugen; — eine Fournierschneide der Handlung Katterfeld und Comp. mit englischen und deutschen Maschinen, welche in der Runde von 20 Meilen jeder Concurrenz siegreich begegnet; — und endlich eine Drechslerei von Marmor- und Alabastergegenständen, wozu das Material theils aus dem Drusenthale bei Herges, theils aus dem Kittelsthaler Alabasterbruche bezogen wird, und welche ihre Erzeugnisse: Cigarrenbecher, Schreibezeuge u. dgl. weithin versendet. Von anderen städtischen Gewerben sind die gewöhnlichen, gegen 40 bis 50 verschiedener Art, hier vertreten. Ackerbau kann der bergigen Lage wegen nur wenig betrieben werden, dagegen ist bei den vortrefflichen Gebirgswiesen, die sich weit in die Thalschluchten hineinziehen, die Viehzucht im höheren Flor. —

Aus allen diesen Nahrungsquellen ist eine bedeutende Wohlhabenheit über einen Theil der Bewohner des Fleckens herabgeströmt; wie in den meisten Fabrikorten weilt aber auch hier neben dem Reichthum oft große Bedürftigkeit. Gleichwohl werden die Fälle hervorstechender Armuth zu den seltensten Ausnahmen gehören, wenn bis zu dem Wiedereintritt günstiger Handelskonjunkturen, die jedem Arbeitslustigen aufs Neue hinreichenden Erwerb geben müssen, die belebende Fürsorge der Staatsbehörden mit gleicher Energie, wie jetzt, fortwirkt.

Eine Hauptquelle des Erwerbes scheint indessen das wieder ins Leben gerufene Bad werden zu wollen, ein Eisenbrunnen, den man nach langer Ruhe wiederum ausgiebig zu verwerthen bestrebt ist. Den Erfahrungen der neueren Heilkunde gemäß hat man demselben eine Kaltwasserheilanstalt, ein Fichtennadelbalsamisches und Dampfbad und eine Molkenanstalt hinzugefügt. Als vorzüglichstes Heilmittel in Ruhla wird aber immer die reine schöne Gebirgsluft dienen, die, als Folge der reichen Waldpartien umher, gerade hier von wunderbar stärkender Kraft ist, und die verbunden mit der einfachen Lebensweise den Bewohnern des Thals die höchste Lebensdauer zu verleihen pflegt, so daß selbst 80jährige Personen zu keinen besonderen Seltenheiten gehören. Die Friedhöfe, die wir besuchten, zeigten uns zumeist nur Grabstätten von kleinen Kindern und von Leuten über 60 Jahre, bis zum 90sten Lebensjahre hinauf.

Der Ort kann daher nicht blos dem Lustreisenden, und demjenigen, welcher danach strebt, seine Kenntnisse in den industriellen Verhältnissen zu erweitern, zum kurzen Aufenthalte empfohlen werden, sondern insbesondere dem in mancherlei Krankheit Hülfe

Suchenden zum längeren Verweilen. Ein jeder von diesen wird reiche Ausbeute finden. Der Eine einen zauberischen Landaufenthalt in dem süßesten Thale, umringt von den reizendsten Punkten des ganzen Gebirges; der Andere eine Bereicherung seines Wissens, wie sie nach dieser Richtung hin kaum ein zweiter Ort zu geben vermag; der Dritte Kraft und Stärkung in gewünschter Fülle.

Sehen wir daher noch, wie es in Ruhla selbst sich leben läßt, und schließen uns dann dem Ersteren an, um mit ihm unsere Ausflüge von hier aus zu beginnen!

Dritter Reisetag.

Das Leben in Ruhla; das Bad daselbst.

Wo durch Natur und Menschenfleiß schon so viele Vorbedingungen zum Genusse erfüllt sind, da wird es sich immer behaglich leben lassen. Ruhla entspricht hierin jeder, nur irgend billigen Erwartung des Reisenden. Es faßt überdies gar liebe und herzige Menschen in sich, welche sich mit offenstem Sinne beeifern, dem Fremden das Leben daselbst in jeder Richtung angenehm zu machen. Denn wenn der Ruhlaer an Gemüthlichkeit dem Thüringer überhaupt gleich ist, so macht ihn der theilweise Wohlstand seines Ortes, der ihm ohnehin eine größere Behaglichkeit giebt, als sie Menschen in ärmeren Gegenden zu besitzen pflegen, auch vorzugsweise befähigt, dem Fremden gegenüber diese Eigenschaft zu höherer Geltung zu bringen. Unbegreiflich ist mir in einem bekannten Reisehandbuche die harte Beschuldigung der Ruhlaer, daß sie sehr genußsüchtig, leidenschaftlich zu Spiel und Trunk geneigt, und leichtfertig zu Schlägereien seien. Ich bezweifele, daß, wer diese Behauptung aufstellt, längere Zeit hier gelebt habe, so schroff widerspricht dies Urtheil der Wirklichkeit. Allerdings sind die Ruhlaer ein heiteres lebensfrohes Völkchen, und wie in jeder schönen Natur der sorgenfreiere Mensch zu erhöhterem Genusse sich aufgefordert sieht, so verschmähen auch sie den fröhlichen Lebensgenuß nicht. Keine ihrer Vergnügungen, denen ich beigewohnt, trug aber den gehässigen Stempel, den jene Worte ihnen aufdrücken, nur zu sehr geeignet, den Fremden vom Besuche des Ortes zurückzuhalten. Im Gegentheil durchweht ein Geist harmloser Herzlichkeit ihre Feste, der vielmehr dazu beiträgt, dem Fremden die lästigen Fesseln oft bedingter Convenienz abzustreifen, und der ihn einladet, mit gleicher Harmlosigkeit sich ihnen anzuschließen. Tages Arbeit, Abends Feste! dieser goldene Wahlspruch Goethe's, die Quintessenz wahrhafter Lebensphilosophie, scheint hier in Ausübung gebracht werden zu sollen, und wir müßten uns sehr täuschen, wenn Goethe hier ihre Wahrheit nicht selbst recht innig gefühlt hätte. Fleiß und Thätigkeit lebte den ganzen Tag um mich in wohlthuender Frische. Natürliche Einfachheit, schlichte Biederkeit, gefälliges freundliches Wort empfing mich bei Jedem, den ich zu meiner Belehrung in seinem Geschäftskreise aufsuchte. Ich freute mich, die Forderungen des Tages mit den Pflichten der Gastlichkeit in so liebenswürdiger Weise verbunden zu sehen. Die Feierstunde schlug. Die Alten eilten zum Badesalon, mit kluger Miene viel berathend; die Jungen liefen theils in die Berge, theils kamen sie in einem Lokale zusammen, wo die Einen an Quartettgesang und Musik, die Anderen auf der Kegelbahn sich erfreuten.

Bei so gearteten Menschen wird ein Anschließen leicht, und in herzlichster Gastlichkeit eröffneten sich mir alsbald die Thüren. Man unterstützte mich bei meinen Ausflügen mit Rath und That, man erschloß mir zur Promenade die Gärten, man begleitete mich in freien Stunden an entferntere Orte, man lud mich zur Theilnahme an den ländlichen Festen ein. Selbst der

Geringste, mir Fremdeste erwiederte meine Fragen mit Freundlichkeit. Allein nicht mir und den Meinigen bloß, allen Fremden, die zur Zeit in Ruhla waren, ist es in gleicher Weise ergangen, und mir ist Keiner bekannt geworden, der nicht mit recht schwerem Herzen aus der schönen Natur und aus dem herzigen Gesellschaftskreise geschieden wäre, er mochte ihn um sich gezogen haben, in welcher Sphäre es sei.

Daß jeder Ort Ausnahmen von allgemeinen Tugenden in sich schließt, wird sich allerdings auch hier bewähren; ein Urtheil über den Gesammtcharakter können solche indessen nicht wohl bestimmen. Und überhaupt habe ich keine Fehler, keine Unsitten hier bemerkt, welche in andern Orten nicht in gleichem Maaße — wo nicht schlimmer — zu Tage träten. Insbesondere sah ich nirgend ein Uebermaaß, nirgend eine hervorstechende Neigung zu Händeln. Kam ein Zwiespalt vor, so war er nicht lebhafter als überall. Da macht aber ein Reisender, vielleicht schon durch andere Umstände mißmuthig gestimmt, einmal eine trübe Erfahrung. Schnell spricht er ein ungünstiges Urtheil aus. Dasselbe wird ohne Bedacht und Nachdenken weiter geplaudert, vielleicht gar in einem Reisehandbuche, ohne daß der Verfasser sich Mühe giebt, die Wahrheit zu erforschen, nachgeschrieben. Und schnell ist hier eine öffentliche Meinung gebildet, die sich fortwährend von Mund zu Munde trägt.

Das materielle Leben des Fremden in Ruhla gehört, im Vergleiche zu anderen Badeorten, zu dem am wenigsten kostspieligen. Am besten quartiert man sich in einem Privathause ein, deren viele hierauf eingerichtet sind. Die Bade- und Fremden-Direktion, an welche man sich zu wenden hat, besorgt Wohnungen, die immer wochenweise gemiethet werden, schon im Voraus und zu den billigsten Preisen. Dieselben zerfallen, nach

Maßgabe der Ansprüche auf äußere Eleganz, in drei Klassen, sind aber insgesammt gut ausgerüstet und freundlich gelegen. Ich hatte auf gleiche Weise mich vorgesehen; mein Beispiel wird daher den sichersten Einblick in die Verhältnisse gewähren. Ich bewohnte in dem Hause des Besitzers der Gothaischen Gesellschafts-Lokalitäten, Hoppert, eine geräumige, gut meublirte Eckstube, bel Etage, mit drei daran gränzenden kleineren Gemächern. Die Fenster boten eine reizende Aussicht auf die gegenüberliegenden Berge; ein Garten hinter dem Hause, der sich terrassenartig die Anhöhe hinaufzog, gewährte unter einer Veranda von Lindenbäumen einen köstlichen Aufenthalt im Freien, mit den entzückendsten Einblicken in den Thalkessel und seine Nebenthäler. Zu den Zimmern gehörten sechs Betten, die Mitbenutzung der Küche, sowie des Koch- und Eßgeschirres und der Tisch- und Bettwäsche des Wirthes für die gleiche Anzahl von Personen. Für alles dieses entrichtete ich 5 Rthlr. Entschädigung die Woche über.

In gleichem Preisverhältnisse stehen andere größere und kleinere Quartiere mit der Maßgabe, daß bei der Miethe für jedes Bett 15 Sgr. pro Woche berechnet wird.

Die Beköstigung kann unter diesen Umständen jede Familie selbst übernehmen; die Preise der Lebensmittel sind, in Betracht ihrer schwierigen Herbeischaffung aus dem flachen Lande herauf, nicht übermäßig. Allein auch in Gasthäusern kann man wohnen und Beköstigung finden. Die Preise der Wohnungen daselbst, auf Wochen berechnet, entsprechen den oben angegebenen; für den Mittagstisch an der table d'hôte wird bis zu 12 Sgr. 6 Pf. hinauf für das Couvert gezahlt. Der Gasthof zur Traube, dessen Wirth Schwanitz zugleich die Badereſtauration besorgt, ist in dieser Beziehung am empfehlenswerthesten. Nur eigene Menage wird man in derartigen Etablissements nicht führen können.

Ausflüge in die Umgegend, für den Lustreisenden der nächste Grund des hiesigen Aufenthaltes, und auch für den Kurgast mit den erklärbarsten Vortheilen für die Gesundheit verbunden, macht man, wie überhaupt im Gebirge, am zweckmäßigsten zu Fuß. Es bieten sich, auch abgesehen von den Eingangs gedachten hervorragenden Orten, der schönen Partien in der Nähe und Ferne gar viele, welche, wie jene, insgesammt in Tagesmärschen zu erreichen sind, falls nicht ein besonderer Grund vorliegt, mehrere Tage zu ausgedehnteren Wanderungen zu verbinden. Man lernt auf diese Weise den Nordwesten des Waldes in seinen einzelnen Theilen ziemlich genau kennen, während bei der bisher gewöhnlichen Art, diesen Gebirgstheil zu bereisen, das durch reiche Schönheiten ausgezeichnete Gebiet innerhalb der Heerstraße der Touristen in der Regel ganz unberührt bleibt und mannigfache Genüsse verloren gehen. — Nur wird man gut thun, mit entfernteren und näheren Partien oder mit Ruhetagen, die man in behaglicher Geselligkeit im Badesalon oder in Familienzirkeln zubringen kann, in angemessener Weise abzuwechseln.

Für den weniger Rüstigen sind bequeme Fuhrwerke, Ein- und Zweispänner, zu haben. Der Kaufmann Schilling stellt dieselben, und zwar bei sehr gutem Geschirre, für einen billigeren Preis, als ich ihn in irgend einer andern Thüringischen Stadt gefunden habe. Für einen Zweispänner, mit Ausschluß des Chaussee- und Trinkgeldes, wird an ihn gezahlt:

nach Reinhardsbrunn	3 Rthlr.,
nach dem Inselsberge	3 Rthlr.,
nach Wilhelmsthal	2 Rthlr.,
nach Eisenach über die hohe Sonne	2 Rthlr.,
nach Altenstein und Liebenstein . .	2 Rthlr.,
nach Altenstein allein	1½ Rthlr.;

Bei Touren weiterer Entfernung, für welche man Gespanne tageweise zu miethen pflegt, für den Tag 3 Rthlr., oder, wenn es vorgezogen wird, für jedes Pferd 1 Rthlr., nebst der Beköstigung des Kutschers und Erhaltung der Pferde. An Trinkgeldern für den ganzen Tag ist der Satz von 10 bis 15 Sgr., für den halben Tag die Hälfte üblich. Unter solchen Umständen gestaltet sich also auch eine Weiterreise durch das ganze Gebirge am vortheilhaftesten von **Ruhla** aus; schon für das Fuhrwerk wird an keinem anderen Orte des Waldes weniger als 5 bis 6 Rthlr. täglich gefordert, und außerdem gehören bequeme Chaisen, welche, wie die des Kaufmanns Schilling, 7 bis 8 Personen ohne den Kutscher fassen, hier überall zu den Seltenheiten.

Esel zum Reiten stehen dem Touristen gleichfalls zu Dienste. Der Miethspreis eines solchen beträgt für den Tag 15 Sgr.

Durch alle vorstehenden Anführungen glaube ich meinen früheren Ausspruch hinreichend bewahrheitet zu haben: daß die Bereisung des nordwestlichen Theiles des Thüringer Waldes, wenn solche mit der wünschenswerthen Bequemlichkeit und Behaglichkeit verbunden sein, und mit dem verhältnißmäßig geringsten Kostenaufwande ausgeführt werden soll, am vortheilhaftesten von Ruhla aus unternommen wird. — Was man hier für eine Wohnung die ganze Woche über bezahlt, übersteigt, wie schon oben erwähnt, kaum die Kosten einer einzigen Nacht in den Gasthäusern der frequenten Stationsorte. Man genießt die Gegend in behaglicher Ruhe, und ist stets in der Lage, sich, wenn es Noth thut, zu schonen, ohne (schon durch die Rücksicht auf gesteigerte Ausgaben) von Ort zu Ort rastlos weiter getrieben zu werden, und Bilder durch Bilder im Gedächtnisse verwischen zu müssen. Die schönsten Gegenden eröffnen sich wiederholt, immer von andern Standpunkten, und dringen um so tiefer ins Herz ein. Und kehrt am Abend der Wanderer zurück, so empfängt ihn das trauliche Stübchen mit gewohnter Häuslichkeit, oder der leicht erworbene Kreis von Freunden würzt ihm mit herzlichem Gespräch die späteren Abendstunden; während das Uebernachten in immer neuen Gasthöfen ihn immer neuem Trubel, und an jedem Orte anderen Unbequemlichkeiten entgegenführt. Der Vorzug, den ein solches Arrangement seiner Reise vor den schablonenartigen Umherjagen auf der Landstraße in jeder Weise verdient, liegt hiernach klar vor den Augen. Namentlich werden zahlreiche Familien, zu deren bequemer Unterbringung in Gasthöfen oft der Raum gebricht, oder einzelne Damen, für die ein täglicher Wechsel mit den Gasthöfen ohnehin schon viel des Abschreckenden enthält, und die hier sehr leicht sich anderen Familien anschließen können, — wenn sie diesen Theil des Gebirges bereisen wollen — kaum eine zweckmäßigere Art wählen können.

Anlangend das Bad, welches sich hier befindet, so war die Eisenquelle schon im Anfange des vorigen Jahrhunderts in großem Rufe, und in den Jahren 1738, 1755, 1795 und 1804 erschienen bereits Werke, in denen sie näher beschrieben wird. Später wandte das Interesse sich anderen Modebädern zu, und sie gerieth beinahe in Vergessenheit. Jetzt, wo man die Heilkraft der Eisenwasser nach Gebühr wieder mehr beachtet, ist ihr von den Einwohnern erneute Aufmerksamkeit geschenkt worden, und es läßt sich erwarten, daß die Quelle den früheren Ruf kräftig bewähren wird. Die anderen oben bereits erwähnten Einrichtungen, das Fichtennadelbad, die kalte Wasser-Heilanstalt und die Molkenanstalt, sind ihr, offenbar in Rücksicht auf die hierzu äußerst günstige Lage des Ortes, mit Recht zugesellt, und zeigen sich hier nicht minder wirksam, als in anderen bereits renommirten Bädern. Die Krankheiten, gegen welche diese Kurmethoden am besten angewendet werden, hier mit aufzuzählen, liegt nicht in der Aufgabe dieser Blätter.

Zur Deckung der Kosten aller dieser Heilanstalten hat sich ein Aktienverein gebildet, als dessen Vertreter das Bade- und Fremden-Direktorium (der Prediger Jakobi, der Kaufmann Katterfeld und der Badearzt Dr. Hennicke) fungirt. Dasselbe ist nach allen Richtungen hin bestrebt, die junge Anlage zu heben.

Auf einem bequem gelegenen, von einer mächtigen Lindenallee überschatteten Platze zwischen dem Engstiege und dem Bermer, auf der Eisenachischen Seite, befinden sich die Haupt-Badegebäude, und die Etablissements zur Erholung der Badegäste: das Badehaus für die warmen Bäder, der Badesalon in dem fürstlichen Jagdschlosse, mehrere Pavillons, und in dem Salon die Restauration, in welcher man für billige Preise sehr wohl bewirthet wird, und wo zugleich die bedeutendsten Berliner, Frankfurter und Hamburger Blätter zur Lektüre ausliegen. Die Lindenallee selbst dient zur Badepromenade, und bietet mit ihren entzückenden Aussichten in die Berge ringsum einen ganz herrlichen Aufenthalt. Die von beiden Seiten daranstoßenden, die Abhänge des Engstiegs und des Bermers hinauflaufenden Gärten der Fabrikanten Greiner und Ziegler, welche sich durch reizende Anlagen und kostbare Fernsichten auszeichnen, sind von den Besitzern mit höchst anerkennenswerther Liberalität dem Fremden gleichfalls zur Promenade geöffnet, und auf diese Weise in den Umkreis des Bades mit hineingezogen.

Dies ist der Platz, das Jagdschloß und das Lindendach, wo einst Vater Goethe gewandelt und sich ergötzt hat, und der

Zauber der Natur hat sich hier tief in seine Seele gesenkt, und sie befruchtet mit den unsterblichen Liedern, die noch Jahrhunderte entzücken werden. Heilige Erinnerung hat die liebe Stelle für die spätesten Enkel geweiht. Und es ist auch ein liebes, zauberisches Plätzchen, wo die hohe Mutter Natur mit der ganzen Allmacht ihrer Wunderkraft uns ins Herz dringt. Majestätisch streben die schlanken Säulen der Lindenbäume zum Himmel empor, überwölbt von dem schattigen Baldachin ihrer Wipfel; ringsum die garten- und waldgeschmückten, hochragenden Bergwände, als wollten sie uns in einen engen Zauberkessel einschließen; daran, die Abhänge hinauf, die Reihen der schmucken Häuserchen, und auf sie hinabblickend die friedliche Kirche mit behaglich geformtem Thurme; überall ein holdes Gemisch von üppiger Naturschöne und sorglichem Menschenfleiß, überall Leben und Wonne!

Das Badehaus enthält die Trinkquelle, das Bassin und die Zellen für die Mineralbäder und für die balsamischen Fichtennadelbäder. In einem anderen Raume desselben ist das Fichtennadel-Dampfbad und die Maschine zur Bereitung des Fichtennadel-Oeles untergebracht. Die letztere gehört zu den vorzüglichsten Dampfmaschinen, welche der Thüringer Wald zu diesem Zwecke besitzt. Die Gewinnung des Oeles ist ein Geschäft, dem der sachkundige Apotheker Bähr sich mit großer Sorgfalt und Hingebung unterzieht. Der Umstand, daß die Fichtennadelbäder hier mit den Mineralbädern verbunden werden können, giebt dem Bade doppelte Heilkraft. Ein Badegast, durch rheumatische Leiden an Krücken gefesselt, legte diese nach kaum 14 tägigem Gebrauche der Bäder ab, und fing schon an, ohne dieselben die Berge zu besteigen; ein Resultat, dessen Zeuge ich selbst war.

Außer diesen Räumlichkeiten ist am oberen Ausgange des Fleckens ein Platz für die Kaltwasser-Heilanstalt gewonnen, wo in einem zweiten Badehause Wellen-, Wannen-, Brause- und Augenbäder eingerichtet sind. Der Bequemlichkeit der Badegäste halber geht man damit um, am untern Ausgange des Orts eine gleiche Anlage herzustellen. — Das Wasser zeichnet sich durch Kälte und Klarheit vorzüglich aus. Die Molken werden im Hauptbade verabreicht.

Zur Benutzung aller dieser Bäder ertheilt der Badearzt Dr. Hennicke die erforderlichen Anweisungen. — Eine Anlage dieser Blätter (A.) enthält das Badereglement.

Die Geselligkeit unter den Badegästen wird sich, wie überall, nach den gerade anwesenden Persönlichkeiten richten. Die Vereinigungspunkte, Salon und Promenade sind vorhanden; Concerte, wöchentlich an zwei Nachmittagen von recht guter Harmonie-Musik veranstaltet, tragen dazu bei, die Fremden in einen engeren Kreis zusammen zu ziehen; Partien in die Gebirge, von den Einwohnern häufig arrangirt, geben den jederzeit dazu geladenen Gästen gleichfalls Gelegenheit, sich anzuschließen.

Das Bade-Direktorium nimmt alles dieses kräftig in die Hand, und scheut weder Mühe noch Ausgaben, allen billigen Wünschen aufs bereitwilligste entgegenzukommen, oder begründeten Beschwerden abzuhelfen. Neue Etablissements auf schön gelegenen Punkten in den Bergen werden gegründet, bequeme Wege nach allen Richtungen hin angelegt, mangelhafte Lokalitäten durch Erwerbung neuer Räumlichkeiten ergänzt. Die Staatsbehörden unterstützen diese Bestrebungen in förderlichster Weise und zeitigen deren vollständiges Gelingen.

Unter solchen Umstän en kann man, ohne Prophet zu sein, der jungen Anlage einen schnellen Aufschwung und eine blühende Zukunft als gewiß voraussagen. Die Natur hat alle Bedingungen dazu erfüllt, die Einwohner wissen, was sie wollen, und die Art, wie sie begonnen, ist die allein geeignete, ein so schwieriges Werk gelingen zu lassen. Bester Wille, gepaart mit Umsicht und Energie, führt aber bei allen Unternehmungen zu einem glücklichen Ziele.

Schenken wir indessen auch der Umgegend endlich die gebührende Aufmerksamkeit.

Vierter Reisetag.

Der Ringbergstein, der Alabasterbruch bei Kittelsthal, der Heiligenstein, der Scharffenberg, der Gömichenstein.

Ruhla's nächste Umgebungen locken uns durch ihre Anmuth zuerst ins Freie. In einem fünfstündigen*) bequemen Nachmittags-Spaziergange durchstreifen wir die gen Norden gelegenen interessanteren Punkte derselben. Es sind: der Ringbergstein, ein freiliegender Felsblock auf dem östlichen Abhange des Ringberges; der Alabasterbruch bei dem Dorfe Kittelsthal, ein geognostisch merkwürdiger Steinbruch; der Heiligenstein, ein altes Kloster, jetzt ein Vergnügungsort; der Scharffenberg, der bewaldete Felskegel bei dem Dorfe Thal, welcher mit seiner Thurmruine schon im ersten Reisetage unsere Aufmerksamkeit auf sich gezogen hat; der Gömichenstein, ein dem Ringbergsteine ähnlicher Felsblock auf der westlichen Lehne des Breitenberges. Wir verlassen das Städtchen an seinem untern Ausgange.

Unmittelbar am Schlagbaume, der die Stelle des Thors

*) Die Entfernungen sind, unter Berücksichtigung der Aufenthaltszeiten, durchweg so berechnet, daß Damen die Partien mitmachen können.

vertritt, wendet unser Weg sich links über den Erbstrom, zieht sich aber alsbald nach rechts den Ringberg hinauf und spaltet sich dort nach wenigen Schritten in zwei Parkwege, der eine bergan, der andere den untern Abhang entlang führend. Wir schlagen den ersteren, den linken von beiden ein, steigen ziemlich steil durch den dunklen Buchenwald aufwärts und kommen nach ungefähr halbstündiger langsamer Wanderung auf eine freigelegene, umfangreiche Felsenplatte, wo ein kleiner Pavillon steht. Sie bildet den Gipfel

des Ringbergsteins,

der durch seine imposante Form schon von der Stadt aus unsere Aufmerksamkeit lebhaft in Anspruch genommen hatte, wenngleich die bedeutende Höhe, in der er lagert, seine kolossalen Dimensionen weniger erkennen ließ. Einem von Menschenhand in rohester Form bearbeiteten Opferaltare nicht unähnlich, springt der mächtige Glimmerschieferblock ungefähr in der Mitte des Ringberges schroff und keck aus der steilen Baumwand in das Thal hinaus. Von seiner Hauptmasse, auf welcher der Pavillon ruhet, scheinen sich mehrere Klippen abgesplittert zu haben, die tiefer unten in seltsamer Form umhergestreut sind. Der Pavillon wurde zur fünfundzwanzigjährigen Regierungsfeier des nun verewigten Großherzogs August Friedrich von Sachsen-Weimar errichtet, und der „Jubeltempel" benannt. Den Wanderern dient er jetzt zu einem anmuthigen Ruheplätzchen.

Die Aussicht von hier ist sehr lieblich. Tief unter uns zur Rechten, Ruhla, in die grünen Bergwände fest eingeklemmt, doch bald in der Biegung des Thales sich verlierend. Gegenüber, am Breitenberge unter der dunklen Hülle von Buchenkronen gelagert, der Koloß des Gömichensteins. Links: das üppige Thal mit der Oeffnung seines reich bewaldeten Rahmens, und über dieses hinaus ein buntes Gemisch von Berggipfeln bis zu den Hörseelbergen, welche mit ihren grotesken Felsenwänden den weiteren Blick begränzen. Gerade vor uns in der Tiefe, der frische Wiesenplan, durchrauscht von den Krümmungen des hinabstürzenden Baches.

Sattsam ergötzt von dem schönen Bilde, kehren wir zur Wegetheilung am Fuße des Ringberges zurück, und schlagen dort den zweiten Parkweg ein, der — wie erwähnt — am untern Abhang des Berges sanft ansteigend sich fortzieht. Tiefe Waldesnacht umfängt uns auch hier; nur majestätischer ragen die Stämme der Buchen empor. Nach einer kleinen halben Stunde öffnet sich vor uns ein weit ausgedehntes, mehr gelichtetes Waldplateau, von Gras und Moos üppig überwachsen. Buchen von großartigstem Wuchse erheben sich hier zu breiten, lang hingedehnten Säulenhallen; ihre mächtigen Kronen halten ein schirmendes Dach über uns hin; sparsam hereinblitzende Sonnenstrahlen verbreiten ein magisches Licht. Der überraschend schöne Platz, der nördliche Abhang des Ringberges, erinnert lebhaft an die heiligen Hallen bei Tharand.

Unsere Straße geht über denselben fort. Nach ungefähr 10 Minuten spaltet sie sich. Beide ihrer Ausläufer führen nach dem Alabasterbruche, unserm nächsten Ziele. Wir gehen den Fußsteig zur Rechten. Sanft hinuntersteigend bringt er uns durch wiederum dichter werdendes Gebüsch an den nahen Saum des Waldes.

Welch ein hinreißend schönes Landschaftsbild breitet sich hier zu unsern Füßen aus! Links, an den Wald gelehnt, die saatengrünen Höhen zwischen Moßbach und Kittelsthal; darüber hinweg die waldigen Berge vor Eisenach. Geradeaus die Hörseelberge an der Gränze des Horizonts; unter uns in kurzer

Entfernung die weißgrauen gewaltigen Klüfte des Alabasterbruchs, malerisch in den schroffen Bergabhang eingebuchtet, umgeben von Halden und Hütten. Dem Steinbruch zur Rechten, und Kittelsthal verdeckend: der steile, buchenumkleidete Kegel des hohen Spitzberges, am Gipfel von schroff hervorspringenden Felsblöcken umragt. An ihm vorüber, ganz nach rechts zu, ein langes tiefes Thal inmitten mächtiger, reichbewaldeter Anhöhen, mit weiter Aussicht nach den stufenförmig ansteigenden Vorbergen des Inselsberges. Der Scharffenberg mit stolzer Thurmruine, die Wartberge bestreut mit Felsenstücken, die steile Porphyrmasse des Meisensteins, hochthronend auf dunklem Bergabhange, bilden seine linke Wand; der Gipfel des Uebelberges bei Tabarz, mit kleinem Pavillon geschmückt, seinen fernsten Hintergrund; seine rechte Seite die lange, steile Berglehne des Schoßberges, die auch für uns den weiteren Blick beschränkt. — Eine herrliche Rundschau, vollendet durch die Saatenfelder, die, von Hecken durchzogen, in traulicher Enge den Grund dicht unter uns füllen, und durch die blumigen Wiesen, von denen der Heerden freundliches Geläute uns entgegentönt.

Ein Feldweg führt uns den Hügel hinab zu dem kaum einige tausend Schritte entfernten

Alabasterbruche.

Einwohnern des kleinen Eisenachschen Dorfes Kittelsthal gehörend, und von diesen auf eigene Rechnung bebaut, zerfällt derselbe in 5 bis 6 mächtige Steinbrüche, in denen der Alabaster (eigentlich nur ein feinerer Gyps) in weißgrauer egaler Masse, graublau geädert, oder (in seinem geringsten Theile) ganz weiß bricht. Die schroffen weißgrauen Wände, welche aus den einzelnen Felsengruben emporstarren, steigen bis zu 50 Fuß in die Höhe, und gehen nach dem Gipfel des Berges zu in graugelden Kalkstein über. Ihr Anblick ist erhaben, und namentlich bei Mondbeleuchtung soll er zauberisch sein. Der gebrochene Stein wird theils gebrannt und zu Gyps vermahlen, theils im rohen Materiale künstlich verarbeitet. Man drechselt daraus Gefäße, auch wird er zu Platten geschnitten und polirt. Im Residenzschlosse zu Weimar sind damit die Wände eines Prunkzimmers ausgetäfelt. Die Brennöfen und die Mühlen, von Pferden getrieben, liegen um den Steinbruch herum. — Außerdem werden hier bemerkenswerthe Fasergypse gefunden, mit zierlichen Krystallbildungen und an Durchsichtigkeit dem Marienglase nahekommend. Auch rothe Fasergypse, conglomerirt mit Schwerspath, wurden von uns bemerkt.

Wir verlassen den Steinbruch auf einem Wege, der nach dem Spitzberge zuführt. Nach einigen hundert Schritten legt sich eine Fahrstraße quer vor uns hin; auf dieser gehen wir rechts ab bis zu einer kleinen Wiese (linker Hand), die wir in schräger Richtung durchschneiden. An ihrem Ausgange (alles nur ganz kurze Strecken) finden wir einen Hohlweg, der, von einem Bache durchströmt, durch das Thal führt, welches sich zwischen dem Spitzberge (links) und dem Ringberge (rechts) nach der Eisenach-Ruhlaer Chaussee hin öffnet, und weil es ehedem den Mönchen im Kloster Heiligenstein gehörte, das Mönchsfeld genannt wird. Am Rande des Hohlweges gehen wir dasselbe entlang, und sehen bald die Ruine Scharffenstein nahe vor uns über eine waldige Bucht ragen. Auf dem Felde ziehen die schönen Glimmerschiefer von buntester Färbung unsere Aufmerksamkeit auf sich. Nach einigen tausend Schritten führt ein Fußsteig vom Hohlwege rechtsab in ein kleines Gehölz. Er geht in das Dorf Weissenborn, einen unbedeutenden

Eisenachischen Ort, und hier — die Dorfstraße links hinunter — auf die Chaussee.

Aufs Neue haben wir eine Stelle erreicht, über welche die verschwenderische Natur alle ihre Seligkeit ausgegossen hat. Ein weiter Thalkessel mit üppig belaubten Bergwänden, gebildet von zwei sich durchkreuzenden Thälern, liegt vor uns ausgebreitet. In seiner Mitte ragt der waldige Kegel des Scharffenberges, auf seinem Gipfel der Ruinenthurm, empor. Rechts, nahe bei uns, zwischen Ringberg und Schoßberg, öffnet sich die Pforte zur traulichen Enge des Erbstromthales: ein herrlicher Einblick in die majestätischen Waldabhänge! Vor uns schweift das Auge in den schönen Buchengrund zwischen dem Schoßberge und dem Scharffenberge, den wir schon vom Saume des Ringbergwaldes erblickt, und hier in neuem Reiz begrüßen. Zur Linken dehnt das nun geöffnete Erbstromthal zu breiterer Fläche sich aus. Das Seebachthal, begränzt von den Felswänden der Ebertsberge und dem Scharffenberge, vereint sich ihm. Der Erbstrom durchrauscht die saftigen Wiesen im tiefen Grunde. Aus jedem Nebenthale fließt ein Bach ihm zu. Und rund umgestreut blikken die Dächer von Weißenborn, Thal und Heiligenstein aus ihren Baumkränzen freundlich hervor. Wir schauen in eins der reizendsten Bilder des ganzen Gebirges, und die süße Poesie der Natur, die über dem zauberischen Gefilde ausgebreitet liegt, gießt ihre Wonnen auch in unser Herz!

Inmitten des Einganges zum Erbstromthale liegt

der Heiligenstein.

— In früheren Zeiten ein Kloster, wovon die mit dem Hauptgebäude durch Seitenflügel noch jetzt verbundene alterthümliche Kirche Zeugniß giebt, ist er gegenwärtig ein viel besuchter Vergnügungsort der Ruhlaer und der Eisenacher. Und er ist hierzu, wie geschaffen. Der mächtige Abhang des Ringberges, nur durch die Chaussee von dem Gasthause getrennt, bietet in seiner Buchenumwaldung der zauberischen Plätzchen gar viele, die, in Lauben durch einander geschlungen, zu behaglicher Ruhe winken. — Den steilen Schoßberg hinauf — vom Hause zur linken Seite nur durch den Wirthschaftshof und den Erbstrom geschieden — geht mancher schattige Waldweg, der zu den reizendsten Aussichten hinführt. Das Dörfchen Thal und der nahe Scharffenberg laden zu weitern Ausflügen ein.

Wenn wir in Weissenborn auf die Chaussee hinausgetreten, wenden wir uns rechts, und gelangen in zwei Minuten hierher. Militairmusik, von Eisenach herübergekommen, schallt uns lustig entgegen. Ein ländliches Fest hatte zahlreiche Vergnügte versammelt, die unter Lauben hingelagert sich harmloser Freude überlassen. Die malerischen Trachten der Landbewohner mischen sich bunt unter die städtischen Toiletten. Herr Knabe, der freundliche Wirth, tummelt sich geschäftig in dem Gewühl umher. Wir stürzen uns mit in die Lust und werden zu nothwendiger Stärkung gleichfalls von ihm bedacht.

Auf dem Heiligenstein hätten wir unsern Ausflug beschließen, und von hier nach Ruhla zurückkehren können, das wir auf der Chaussee in ¾ Stunden erreicht haben würden. Doch lockt uns noch der Scharffenberg, jenseits des Dörfchens Thal, und da er in einer Viertelstunde zu erreichen ist, beschließen wir, weiter zu wandern.

Wir gehen vom Gasthause um den Dorfkirchhof rechts herum, zwischen mehreren Gehöften durch und über eine kleine Wiese bis zum Fuße des Schoßberges, der, vom Erbstrom umspült, Thal und Heiligenstein trennt. Das Flüßchen spaltet sich an einer Brücke, über welche hier unser Weg führt, in zwei Arme, die, von Erlengebüschen überwölbt, hart an den senkrechten Felsenwänden des Berges parallel neben einander fortlaufen. Ein reizender Fußsteig liegt zwischen beiden; es ist der nächste Weg nach Thal.*) Zu unserer Rechten finden wir bald eine zweite Brücke, nach deren Ueberschreiten wir durch einen felsigen Hohlweg etwas bergan gehen, und dicht zu unsern Füßen das Dörfchen selber erblicken. Links unter uns schmücken mehrere Mühlen den buschigen Wiesengrund. Ein Wasserfall, hart am Wege über eine Felswand stürzend — ein Wellenbad —, hatte schon unterhalb des Hohlweges unser Interesse erregt.

Rechts von uns das Schloß, den alten Herrensitz der gräflichen Familie von Uetterodt, jetzt das Amthaus, zur Linken eine ansehnliche Papiermühle, betreten wir die Dorfstraße, über welche hinweg (gerade vor uns) das Gasthaus liegt. An der uns zugekehrten Ecke desselben bemerken wir eine etwas versteckte, steile Treppe, den Abhang des unmittelbar hinter dem Hause liegenden Scharffenberges hinauf. Sie führt uns in den Garten des Gasthofes, welcher den Fuß des Berges umzieht. Hier verweilen wir kurze Zeit in einer Veranda, aus der sich noch ein köstlicher Blick über Thal hinab in den

*) Thal, ein Gothaisches Pfarrdorf, Hauptort eines Amtsbezirks, zu welchem auch der Gothaische Theil von Ruhla gehört, Sitz einer Försterei, im engen Grunde der Thale, — gehörte früher der Familie der Grafen von Uetterodt, bis es vor einigen Jahren in Folge einer langwierigen Erbstreitigkeit, in welcher man sich über die Lehnssuccession nachgeborner Kinder nicht einigen konnte, an die Herzoglich Gothaische Kammer verkauft wurde. Es hat in einigen 60 Häusern gegen 300 Einwohner, welche sich von Waldarbeit nähren.

Bergkessel bietet, und steigen dann auf dem Parkwege, der uns von der Treppe bis hierher gebracht,

den Scharffenberg

weiter hinauf. In schneckenförmigen Windungen zieht er sich bequem um den steilen Bergkegel herum; dichtes Gebüsch der verschiedenartigsten Laubhölzer, im üppigsten Grün strotzend, umhüllt ihn von beiden Seiten; es giebt, vom Thale aus gesehen, dem schön geformten Berge eben den reizenden Anblick, der ihn vor allen rings umher besonders anszeichnet. Unter den Büschen duftet und glüht eine reiche Waldflora uns entgegen; mit Interesse bemerken wir namentlich den hier wild wachsenden Türkenbund. Zu unserer Seite öffnet sich bisweilen ein schöner Blick ins Freie.

Nach einviertelstündigem Emporsteigen stehen wir vor einer steilen Felsenwand, die aus dem dichten Gebüsch uns plötzlich entgegenspringt. Auf ihrem Kamme ruhen die von unten nicht sichtbaren Mauern der Ruine Scharffenstein, durch welche ein noch wohl erhaltenes Thor in den Burghof führt. In ihrem Innern erblicken wir dicht neben dem Thore das noch vollständige Wappen der Familie Uetterodt, der Arbeit nach zu urtheilen, erst nach Zerstörung der Burg angebracht. Diese selbst muß sich mit ihren Gebäuden eine ziemlich ausgedehnte, steile Anhöhe hinan erstreckt haben, da ihr zweiter, noch vorhandener Ueberrest, der hohe runde Thurm, welchen wir schon so oft aus der Ferne erblickt haben, in bedeutender Höhe über dem Burgthore liegt. Derselbe krönt die höchste Spitze des Berges, und ragt, an seinem zertrümmerten, offenen Kranze von kleinem Gebüsch umrangt, weit über die Bäume hinaus. Zu einer Seite schließt sich ihm noch niedriges Mauerwerk an; eine Thüröffnung, 5 Fuß von der Erde entfernt und leicht zu ersteigen, führt in seinen innern Raum, der in eine ziemlich bedeutende Tiefe verließartig hinabgeht. Hier ist alles wüst und öde; nur ein Ausbau von Quadersteinen, der etwa 30 Fuß vom Boden nach Innen zu um ein Fenster sich wölbt, muthmaßlich ein Rauchmantel, deutet darauf, daß der Thurm bewohnbar gewesen.

Die Aussicht, welche man des bewaldeten Gipfels halber nur von der Thüröffnung aus und bloß nach Norden hin genießt, ist gleichwohl reich belohnend. Der Wiesengrund des Erbstroms, die Ebertsberge, das Thal des Seebaches, Farnroda, und der Kranz der Hörseelberge zeigt sich dem Blicke. Ueberaus reich und entzückend müßte sie sein, wenn der Thurm zu ersteigen und von ihm herab eine Umschau zu gewinnen wäre. Er beherrscht sämmtliche ringsum liegende Gründe, den des Erbstroms, der Thale, des Seebachs, das Mönchsfeld und die Oeffnung bis nach Wutha, und ist weithin sichtbar.

Erbaut im 11ten Jahrhunderte, diente die Burg anfänglich wohl zu räuberischen Zwecken, die von ihrer Lage sehr begünstigt werden mochten. Nach mehrfachem Besitzwechsel gelangte sie endlich an Herzog Wilhelm von Thüringen, und wurde im Sächsischen Bruderkriege, dem Kriege zwischen diesem und seinem Bruder, Kurfürst Friedrich II von Sachsen, im Jahre 1447 zerstört.

Hinabsteigend entdecken wir unfern des Thores und einer Vertiefung, die offenbar der Burggraben gewesen, einen rechts in das Gehölz steil abwärts führenden Fußweg, und schlagen ihn als den näheren ein. Er bringt uns über schroffe, malerisch gruppirte Felsklippen wieder in das Dörfchen Thal, dessen Lage an dieser Stelle äußerst romantisch ist. In die eng zusammentretenden Wände des Schoßberges und des Scharffenberges eingeklemmt, drängen sich seine Häuser gleichsam in die

Felsen hinein, und die Buchen droben strecken ein schirmendes Dach darüber hin. An einer der schönsten Stellen blickt von steiler Felsenwand ein geschmackvoller Pavillon auf das Dörfchen nieder, ein wahrhaft liebenswürdiges Plätzchen, zum Ruhen und Umschauen erdacht von einem der Natur warm hingegebenen Gemüthe.

Die Dorfstraße rechts abwärts, an einer mächtigen Linde — dem Tanzplatz der Dorfbewohner — und am Schlosse vorüber, kommen wir nach kurzer Frist auf den Weg, der uns hierher gebracht, und auf diesem wieder nach Heiligenstein.

Herr Knabe hat sich die früheren Gäste gemerkt, und empfängt uns als alte Freunde. Was er uns vorsetzt, vereinigt vortheilhaft Güte mit Wohlfeilheit; namentlich das Bier ist zu loben. Zu unserer freudigen Ueberraschung lernen wir in ihm zugleich einen tüchtigen Mineralogen kennen. Er zeigt uns, jetzt weniger beschäftigt, seine kleine, aber gewählte Steinsammlung, und bedauert lebhaft, daß wir ihn aus Mangel an Zeit nicht auf seinen mineralogischen Excursionen begleiten können: die Glimmerschiefer, welche das Thal der Ruhl auf allen seinen Bergen in schönster Färbung durchlagern, die Petrefacte im Dolomit der Ebertsberge bei Seebach, die Flußspathgänge und die gefärbten Dioritschiefer am Ringberge gewährten ihm jederzeit die reichste Ausbeute.

Der Thüringer Wald ist in geologischer und geognostischer Beziehung überhaupt eins der bemerkenswerthesten Gebirge Deutschlands. In zwei, fast gleich lange Hälften zerfallend, *)

---

*) Hier eine geologische Abhandlung zu schreiben, und genau die Lagerung der einzelnen Steinarten aufzuführen, konnte nicht in der

besteht der Hauptgebirgsstock desselben im nordwestlichen Theile, bis zum Thale der Möhrenbach hin, vorwiegend aus Porphyr von allen Arten und Gemengen. Interessante Gebilde in demselben sind die anmuthig gezeichneten Mandelsteinporphyre, mehr noch die Kugelporphyre, welche sich in verschiedenen Gegenden des Waldes, — in größter Schönheit aber um den Schneekopf herum — vorfinden: runde Kugeln von verschiedener Größe, im Innern, großentheils auf Unterlagen von Achat, mit Quarz-, Amethyst- oder Citrinkrystallen ausgefüllt, oder in ihren hohlen Wänden mit Eisenrahm überzogen. Im südöstlichen Theile herrscht der Thonschiefer vor. Zwischen beiden Hauptgebirgsarten treten mannigfache andere, theils krystallinische, theils stratificirte Gesteine zu Tage, oder sind im Innern der Berge mit ihnen vermengt. Aus letzteren spielt der Zechstein und das Rothtodtliegende, vorzüglich an den Ausläufern der Berge, eine bedeutende Rolle. Unter den ersteren befinden sich vorzugsweise: Diorit, Syenit, Grauwacke, Gneis, Quarz, Melaphyr und Hornblendgestein. Hin und wieder, obschon seltener und vornehmlich im nordwestlichen Theile des Waldes, drängen sich auch Granite hervor, wie im Drusenthale, auf dem Gerbersteine, im Ilmthale und auf dem geognostisch überhaupt merkwürdigsten Berge des Waldes, dem Ehrenberge bei Ilmenau, auf welchem sämmtliche Steinarten des Gebirges neben einander liegend zur Erscheinung kommen. — Um den Hauptgebirgsstock ziehen sich die Vorberge, die zumeist aus Todtliegendem, Zechstein, buntem Sandstein oder Muschelkalk bestehen, und durch welche sich reiche Straten von Dolomit, älterem Flözkalk, Gyps

Absicht liegen; einige Umrisse des Charakters der Gebirgsarten dürften aber immerhin von Interesse sein.

und Mergelschiefer drängen. An späthigen Gesteinen finden sich Schwerspath, Kalkspath, Flußspath überall und bisweilen schön krystallisirt; Braunspath und Bitterspath jedoch nur in der Gegend von Altenstein. Edlere Gesteine hat das Gebirge weniger; in der Gegend von Ruhla nur einzelne Achatspuren, in der Nähe von Schwarzburg und des Drusenthals Marmorbrüche, und bei Kittelsthal den uns schon bekannten Alabasterbruch.

Reichthum an Erzen war in früherer Zeit mehr als jetzt vorhanden. Ehemals soll man selbst auf Gold gegraben haben; und die Gegend von Ilmenau lieferte manche Ausbeute an Silber. Die Gruben daselbst sind neuerdings durch Wasser zerstört, und nicht wieder geöffnet worden. Dagegen ist der Gewinn an Eisen noch heute zu Tage nicht unbedeutend. Die Gruben im Stahlberge in der Nähe von Schmalkalden ergeben allein jährlich 10,000, das Bergwerk Mommel gegen 7000—8000 Tonnen, und auch die Gruben in Friedrichsroda, Kamsdorf, am Langenberge bei Amt Göhren, und auf der Koppe bei Meußelbach liefern reiche Ausbeute, welche insgesammt auf zahlreichen Hämmern in allen Theilen des Waldes verarbeitet, oder auch weiter verfahren wird. Ein anderes Erz, das hier in reichem Maße und in vorzüglicher Schönheit vorkommt, ist der Braunstein (Mangan), der sich in jeden Arten und von oft wundervoller Krystallisation findet. Seine Hauptregion ist die Gegend um Ilmenau und Elgersburg. Eigenthümliche Species desselben, die Braunite und Hausmannite, auf dem Oehrenstocker Berge bei Ilmenau, und überhaupt Mangankrystalle aller Gattungen, sind früher in den ausgezeichnetsten Exemplaren an die berühmtesten Kabinete verkauft und theuer bezahlt worden; auch befinden sich dergleichen von hohem Werthe in der reichhaltigen Sammlung eines dortigen gewiegten Mineralogen, des Bürgermeisters Scheffler zu Ilmenau. Kupfer wurde früher öfter gegraben, jetzt vornämlich nur im Katzmannsthale bei Möhrenbach und in der Gegend von Altenstein. Hier kommen auch Gangarten von Kobalt-, Bleiglanz-, Arsenik- und Wismutherz vor. Steinkohlen haben ihre Hauptlager gleichfalls um Ilmenau, im Manebacher Grunde. Die Pflanzenabdrücke in denselben, deren auch Goethe mit Vorliebe erwähnt, sind von hervorstechender Schönheit, und bilden mitunter prachtvolle Kabinetsstücke. Petrefakten finden sich überall, vornehmlich im Muschelkalk, Zechsteine und Dolomit. Die Thierfährten, welche zu Heßberg bei Hildburghausen im Sandsteine entdeckt worden sind, haben sich wissenschaftliche Berühmtheit erworben.

Vielfältig von allen Diesem belehrt, verlassen wir den freundlichen Wirth, um über den Gömichenstein nunmehr nach Ruhla (1 Stunde) zurückzukehren. Wir durchgehen die Hofgebäude des Gasthauses nach dem Schoßberge zu, überschreiten den Erbstrom und betreten am Fuße des Berges einen Parkweg, der rechts emporführt, und bald zu beträchtlicher Höhe aufsteigt. Theils durch Waldabschnitte, theils an der freien Berglehne sich hinziehend, bietet er die prächtigsten Blicke in das grüne Thal, und an den majestätischen Abhang des gegenüberliegenden Ringberges hinauf, dessen steile, vom Gipfel bis zur Thalsohle mit Buchen geschmückte Wand von hier aus am gewaltigsten erscheint.

Ueber lebendige Quellen und Bäche, die in Wasserfällen herabrauschen, schreiten wir fort. Eine Fahrstraße von Ruhla herauf kreuzt unsern Weg; wir gehen über sie hin und höher hinauf. Bald erreichen wir an der Lehne des Breitenberges einen kleinen Wald. Hier lagert einsam, dicht an unserm Wege,

der Gömichenstein;
an seinem Fuße ein trauliches Plätzchen, wo Waldesruhe mit aller ihrer Seligkeit sich über uns breitet. Kühn strebt der gewaltige Glimmerschieferkoloß zu den Buchenwipfeln empor; ringsum steile Wände machen ihn unersteiglich.

Felsenblöcke, wie der Gömichenstein und der Ringbergstein, die aus den Berglehnen in abgesonderten Massen hervorspringen, und in einer gewissen Regelmäßigkeit sich gegenüberstehen, lagern in verschiedenen Thälern des Thüringer Waldes. Vornehmlich bieten im Ilmthale zwischen Ilmenau und Stützerbach die beiden Herrmannssteine, der Schwalbenstein und der Emmastein die gleiche Erscheinung. Gelehrte Alterthumsforscher, unter ihnen der berühmte Gebirgskundige und Geschichtsschreiber der Keltischen Alterthümer, Keferstein in Halle, sind mit der Untersuchung beschäftigt, ob diese Steine durch Natur oder Menschenhand in solche Formen gebracht worden, und stellen, weil insgesammt die Thäler von ihnen weithin beherrscht werden, die Vermuthung auf, daß es alte Druidenaltäre gewesen, von da herab beim Scheine nächtlicher Flammen die Priester der versammelten Menge der Fürsten und Krieger unten im Thale Orakel verkündet haben. Wir nehmen uns vor, seinerzeit gleichfalls darüber nachzudenken, weil die Erscheinung allerdings auffallend genug ist.

Sobald wir aus dem Walde getreten, liegt Ruhla unter uns, überragt von dem gewaltigen Gipfel des Bermer. Unser Weg aber führt uns noch eine Weile oberhalb des Städtchens herum, und gestattet uns auf seinen stets erneuten Biegungen die mannigfachsten Blicke auf den freundlichen Ort. Erst bei der Gothaischen Kirche steigen wir auf einem steilen Fußpfade hinab, und bald nimmt unser trauliches Stübchen uns gastlich wieder auf.

Fünfter Reisetag.

Der Sarkophag, der Wachstein, Wilhelmsthal, der Karthäuserberg, die Hochwaldsgrotte, der Hirschstein, die hohe Sonne, der Rennsteig.

Das freundliche Lustschloß Wilhelmsthal, die Schöpfung und der Lieblingsaufenthalt Carl August's von Weimar, ist das Ziel unserer nächsten Wanderung. Wir verbinden dasselbe zugleich mit dem Besuche des Sarkophags, einer merkwürdigen Felsenpartie auf dem Bermer; des Wachsteins, einer riesigen Steinklippe oberhalb des Dorfes Moßbach; der Hochwaldsgrotte, einer Felsschlucht am Fuße des Hirschsteins; und der hohen Sonne, eines Vergnügungsortes am Rennsteige, dem alten, das ganze Hochgebirge überziehenden Wege. Die Entfernung des Ausfluges erfordert die Zeit eines ganzen Tages.

Der Bermer wird am bequemsten auf dem Parkwege bestiegen, der vom Badesalon aus neben Ziegler's Garten die Anhöhe hinaufgeht, und oberhalb der Gartenanlagen in einen Weg mündet, der sich am Saume des Waldes die Berglehne entlang zieht. Vom Vereinigungspunkte dieser beiden Wege wenden wir uns links einige Schritte in den Wald hinein und stehen vor

dem Sarkophage.

Eine weit geöffnete Felsengrotte, von düsteren Schwarztannen umschattet, trägt auf einer ihrer Wände einen Quarzblock, dem die Natur die unverkennbare Form eines Sarges gegeben. Ein melancholisches Plätzchen, ganz den schwermüthigsten Betrachtungen geweiht. Wir kehren aus dem Walde zurück, und schreiten — bei jedem abgehenden Wege uns links haltend — an seinem Saume um den Bermer hin. Ein Gebäude, von hohen Linden umkränzt, dicht unter uns, unfern des Bades, ist das neu errichtete Belvedere, von wo aus sich eine herrliche Aussicht über Ruhla und den umgränzenden Bergkessel bietet. Wenn wir eine schmale Buchenwaldung durchwandelt sind, und uns wiederum auf der offenen Berglehne befinden, zeigt sich uns das Städtchen noch herrlicher. Wir glauben in ein malerisches Schweizerthal hinabzublicken. An der Ecke des Berges, wo seine Abdachung ins Thal sich plötzlich dem benachbarten Ringberge zukehrt, aus der Mitte eines Tannengehölzes: eine neue Aussicht — durch die Oeffnung des Erbstromthals nach den Hörseelbergen hinüber. Der Weg wendet sich hier ganz links, durch das Tannengehölz fort, und an mächtigen Abgründen entlang, in deren Tiefe wir zahlreich entspringende Quellen erblicken. Nach einer Viertelstunde öffnet er sich auf die Hochwiese zwischen dem Bermer und Ringberge, führt an einer Umzäunung vorbei, und überschreitet einen kleinen Bach. Hier theilt er sich; links führt er nach dem Dorfe Etterwinden; rechts — wohin wir ihn weiter verfolgen — zieht er sich schräg über die Wiese bis an den jenseitigen Wald (den südlichen Abhang des Ringberges), und wendet sich nunmehr zur linken Hand die An=

höhe hinauf, bald aufs neue von beiden Seiten von Wiesen umgeben. Wenn wir ihn über diese Wiesen immer gerade aus verfolgen, und seitwärts abgehende Wege unberücksichtigt lassen, so bringt er uns nach kurzer Frist abermals an einen Wald, der die Höhe des Berges (des kleinen Ringberges) kränzt. Von seinem Saume blicken wir in das Thal zurück, das wir durchwandelt. Ein liebliches friedevolles Wiesenthal in holder Wald- und Bergumfriedung, aus welchem nur das leise Gemurmel halb im Grase versteckter Bäche zu uns heraufdringt. Der Thüringer Wald hat solche Thäler, in Bergeinschnitte sich buchtend, in zahlloser Fülle: überall aber, wo wir sie betreten, senkt sich Ruhe und Seligkeit auf unser Gemüth.

Der kleine Wald ist in wenigen Minuten durchschritten; ein offener Platz, von einem hohen Zaune umgeben, liegt zu unserer Rechten. Wir gehen bis an das Ende desselben, wo die Straße, welche vom Heiligenstein heraufkommt, quer vor die unsrige hinläuft. Gerade vor uns bemerken wir einen Wegweiserarm, an einem Baume befestigt, der nach Ruhla zurückweist; links von uns, gleichfalls an einem Baume, einen zweiten, mit den Worten: „zum Wachstein". Hierhin wenden wir uns. Ein tiefdunkler, lang hingedehnter Buchenlaubengang nimmt uns auf. Bei ihm beginnt die Stelle, welche im Volksmunde „der todte Mann" heißt. Am Ende des Laubenganges öffnet sich abermals ein kleiner Waldplatz*). Nach rechts zu, über denselben hinblickend, sehen wir eine breite Allee durch die Bäume gehauen. Sie führt in gerader Richtung auf den

*) Wer den Weg von dem Laubengange aus über diesen Waldplatz in gerader Richtung fortgeht, gelangt nach Wilhelmsthal, ohne den Wachstein zu berühren auf den letzteren aber nur durch einen Umweg.

Wachstein zu. An einem Baume auf dem Waldplatze, dicht neben uns, finden wir überdies einen Wegweiser, der uns noch gewisser macht. — Wir erreichen dieses nächste Ziel unseres Ausfluges nach ungefähr anderthalbstündiger langsamer Wanderung von Ruhla aus.

Der Wachstein,

eine mächtige Felsenburg auf der höchsten Spitze des gleichnamigen Berges, zwischen den engen Schluchten des Hainbaches und des Moßbaches, nur von einer Seite her zugänglich, an den übrigen mit schroffen Wänden und Steinklippen tief ins Thal niedersteigend, ungefähr 1900 Fuß über dem Meere, gewährt bei so bevorzugter Lage die entzückendste Fernsicht über die unten liegenden Wald- und Wiesengründe und die umgränzenden Berghäupter, bis zu den Gebirgen, die in duftiger Bläue am fernsten Horizonte lagern.

Gen Südwesten (links) die gewaltigen Basaltkegel der Rhön: der Baier, der Dietrichsberg und der Ochsenkopf; darüber hinaus der Sillingswald. Nordwestlich der Meißner und der Normannstein. Im Norden der Harz, lang hingedehnt, wie ein Wolkengebirge. Oestlich von ihm der Ettersberg bei Weimar. Rechts neben uns der Ringberg. Vom Wachsteine nur durch den tiefen Moßbachgrund getrennt, schließt er die weite Rundsicht, die von den näher gelegenen hervorragenden Bergen gar viele noch in ihrem Kranze faßt: den Hirschstein, den Drachenstein, die Wartburg, die Hörseelberge, den Spitzberg, den Friedenstein bei Gotha, den Seeberg, die Gleichen, die Wartberge und andere mehr. Als ob ein wildwogendes Meer plötzlich erstarrt wäre, liegen sie da die mächtigen Höhen, dort umschleiert von duftigem Blau, hier umkränzt vom frischesten Waldesgrün, und zwischen ihnen die lieblichen Wiesengründe, die traulichen Haine, die blitzenden

Seen, die lachenden Dörfer! — Doch nichts in der ganzen Landschaft so zauberisch, als das Thal dicht unter uns! In seinem Kessel, von Saatengrün umwogt, das freundliche Moßbach*). An seinem Kranze, tief im Grunde links, die majestätische röthliche Felswand des Hangesteins, die, umplätschert vom Hainbach, gleich halb zertrümmertem Gemäuer lang hin an ihre Berge sich lehnt; zur Rechten, aus der Tiefe steil sich erhebend, der Ringberg, bedeckt mit Buchengrün. Das süße Thal vollendet aufs herrlichste das reizende Gemälde, das vor unsern Augen aufgerollt liegt, eins der schönsten, welches der Thüringer Wald nur bieten kann.

Mit Recht ist daher der Wachstein ein Lieblingsaufenthalt der Bewohner umliegender Orte, die in häufigen Zügen auf seinen Gipfel pilgern.

Wenn wir ihn verlassen, kehren wir nicht denselben Weg zurück; — zur Linken des Wachsteins zieht sich ein Parkweg hinab, der uns näher nach Wilhelmsthal führt. An der Lehne des Berges, neben den Abgründen, die zum Hainbachthal hinuntersteigen, angelegt, und durch die dichten Baumwände oft in reizende Fernsichten nach dem Rhöngebirge geöffnet, bringt er uns in 20 Minuten an einen kolossalen Wegweiser, dessen fünf Arme nach verschiedenen Richtungen, und unter diesen auch nach Wilhelmsthal zeigen.

Wir können von hier ab nicht mehr fehlen, die breite Fahrstraße, zumeist im Walde und über Felsenplatten fort, führt den Berg steil hinunter. Nach einer starken halben Stunde erreicht sie eine kleine Thalwiese, das Kazthal, und mündet an der-

*) Moßbach, ein am Ufer des Moßbaches lang hingedehntes, rings von Bergen umschlossenes Eisenachisches Dorf mit ungefähr 600 Einwohnern.

selben in die Eisenach-Meininger Chaussee. Hier wenden wir uns rechts*), und erblicken nach wenigen Minuten die ersten Häuser von Wilhelmsthal im Grunde vor uns, erreichen auch bald das freundliche Gasthaus zum Auerhahn, welches, mit seinen offenen Seitenflügeln einem kleinen Landschlosse nicht unähnlich, zur Rechten der Heerstraße liegt.

Wilhelmsthal,

ein fürstliches Lustschloß des Großherzogs von Sachsen-Weimar, im Thale der Ellna, früher Wintershausen genannt, wurde zu Anfange des vorigen Jahrhunderts vom Herzoge Johann Wilhelm von Eisenach gebaut, und von Carl August von Weimar, dem erhabenen Freunde Goethe's, zu seiner jetzigen Gestalt umgeschaffen. Nach Süden zu in eine weitere Thalfläche blickend, nach den übrigen Richtungen hin, an die Berge gelehnt, bildet es einen mehr lieblichen, als großartigen Naturpark, in welchem Wiesen, Seen und Baumpartien in reicher Fülle abwechseln. Kein glänzender Palast schmückt seine friedliche Waldeinsamkeit: einfache weiße Landhäuser, anscheinend regellos und doch in reinster Harmonie zu einander, sind auf dem Wiesenteppich durch die Blumenbüsche hingestreut, jedwedes zu einer andern, der fürstlichen Haushaltung entsprechenden Bestimmung. Eins von ihnen trägt ein Thürmchen mit einer Uhr: es ist die Wohnung des Fürsten; ein anderes umschließt den Salon, ein drittes die Gemächer der Hofcavaliere, andere wieder die der Prinzen und Prinzessinnen, des Corps

*) Wir kommen eine gute Strecke näher auf die Chaussee, wenn wir uns beim Eintritte in das Kazthal auf dem Fußsteige rechts über die Wiese hinwenden, nur muß es trockenes Wetter sein, weil die Wiese sonst feucht ist.

de Logis, der geringeren Dienerschaft und die Küchenräume. Ein großer See, um den sie ruhen, spiegelt dem Wanderer am jenseitigen Ufer ihr liebliches Bild wieder. Eine Rotunde von Fichten, neben ihnen, umschließt einen kunstvoll gearbeiteten Brunnen, mit einer liegenden Nymphe geschmückt. Durch die Chaussee von dem Parke getrennt, liegt das im ähnlichen Style von Herzog Wilhelm Heinrich von Eisenach erbaute, schon oben erwähnte Gasthaus, dessen Wirth Zeitschel durch gute Bedienung seiner Gäste einen Ruf erworben hat*). Aus dem Grunde gen Süden, unterhalb des Parks blicken, in Büschen versteckt, die Hütten der Gartenarbeiter hervor. Mehre Gebäude umfaßt der Ort nicht.

Entzückt durchwandern wir den Park, durch die saftig grünen Wiesen, um die Blumen-Boskets, und die Spiegel der Seen hin, auf denen stolze Schwäne sich wiegen. Alles athmet Frieden und Seligkeit. Wie ruhig liegen sie da, die lieblichen Lustschlößchen auf sammtnem Wiesenteppich! Wie freundlich begrüßen uns aus den blauen Wasserflächen die zitternden Schatten der rings empor ragenden Bäume und die Spiegelbilder der buchenbelaubten Berge, in deren Busen die Seen sich hineinschlingen! Wie einladend winken aus dem grünen Rasen die gelben Bänder der sauberen Kieswege zur weiteren Wanderung auf die angränzenden Höhen! Wie zieht es uns zu diesen hinauf! Wie labt von ihnen herab die bezauberndste Aussicht den Blick!

Eine Bank auf steiler Bergwand jenseits des Sees lockt am

*) Was man hier bekommt, ist durchweg gut und schmackhaft bereitet, insbesondere das Mittagsessen, das Couvert zu 3 Gängen für den Preis von 10 Sgr. Auch das Bier ist zu loben; weniger ansprechend und dabei theuer fanden wir den Wein.

unwiderstehlichsten uns an; sie ruht auf dem Gipfel des Karthäuserberges. Um sie zu erreichen, gehen wir zum Gasthause zurück, und von dort einige Schritte auf der Chaussee nach Eisenach zu, wo sich ein Kiesweg links in die Wiese des Parks öffnet. Ihn betretend, finden wir, wiederum nach wenigen Schritten, einen zweiten Kiesweg, der uns rechts über die Wiese auf den nahen Abhang bringt, mit welchem der Berg am Ufer des Sees steil emporragt. Wir gehen im Schatten mächtiger Bäume die Anhöhe hinan. Bald treten zu unserer Rechten dicht am Wege schroffe Felsenwände, mit Farrenkräutern in malerischem Schmucke bekleidet, hervor. Der Pfad zieht sich in langer Strecke neben ihnen hin, um eine Schlucht herum, aus welcher riesige Buchen ihr majestätisches Haupt erheben, und geht endlich, wenn die Felswände sich verflachen, nach rechts hin in kurzer Biegung an diesen empor, und oberhalb der Felsen, in der Richtung, aus welcher wir hergekommen, zurück. Ein kleines Plateau öffnet sich vor uns. Wir stehen auf dem Gipfel; tief unter uns, den fast senkrechten Abhang hinab, liegt Wilhelmsthal.

Welch ein paradiesischer Zauber umweht dies süße Gefilde! Die weite Wiesenfläche mit den herrlichen Baumgruppen in dem Kranze der sanftansteigenden Hügel, die fern und ferner allmälig zur Höhe der Berge emporsteigen, und mit weit geöffnetem Kessel das friedliche Thal umlagern, erst mit lebendigem Grün der üppigsten Buchen geschmückt, dann durch die schwarzdunkelen Tannen in tiefere Töne, und fernhin in duftiges Blau verfließend! Und mitten in dem smaragdnen Teppich die Spiegel der Seen, die glänzenden Schlößchen, die bunten Füllungen der Blumen in holdem Gemisch! Die anmuthigste Idylle, welche sinnige Gartenkunst dichtete! Ach, wenn wir hier oben rastend den trunkenen Blick hinabschweifen lassen auf den schwäne=

durchzogenen See, und höher hinauf über Schlösser und Wiesen, und rund um den sanften weiten Thalkessel, bis zu der fernsten Berge Duft: wie selig fühlen wir nach, was hier Großes gefühlt und geschaffen worden. Der Geist des erhabenen Genius, der mit seinem fürstlichen Freunde hier süße Stunden verlebt, und die holde Schöpfung mit geschaffen, scheint als ihr Dolmetsch neben uns treten zu wollen, so reich und voll weht er von überall her uns entgegen. Dieselbe prunklose Einfachheit, gepaart mit dem reizendsten Zauber, der unwiderstehlich das Herz fesselt; dieselbe durchsichtige Klarheit, die immer in uns das rechte Verständniß erweckt; dieselbe ruhige Leidenschaftslosigkeit, die, fremd dem heftigen Ausbruche der Gefühle, mit stetem Reiz der Grazie das Gemüth beseligt, — wie wir in Goethe's Gedichten sie finden — spricht ringsum aus dem zauberischen Gefilde, auf welchem das Auge mit immer neuer Wonne ruht.

Ist gleich das ganze Land um uns nur Ein großer Naturpark im holdesten Wechsel seiner Berge, Wälder, Thäler, Bäche und Felsen: Plätzchen wie Wilhelmsthal bringen den Reiz dieser Natur erst immer zum vollständigsten Bewußtsein; in sie concentrirt sich unser Gedanke, wenn er in diese seligen Gefilde zurückschweift; sie leben in unserem Gedenken für ewig!

Dem schönen Bilde wehmüthig den Scheidegruß zuwerfend, wandern wir weiter. Der Weg, der uns hinaufgebracht, führt uns zunächst zur Chaussee zurück, welche von hier nach Eisenach hin, zur linken Seite von Felswänden begleitet, in weiter Biegung beträchtlich aufwärts steigt. Vom Parke aus gehen wir in der Richtung nach links ungefähr 20 Minuten lang auf ihr fort*).

---

*) Wer sogleich vom Gasthofe aus nach der Hochwaldsgrotte gehen will, verläßt dasselbe auf einem Fußwege zwischen dem Hauptgebäude

Der waldumkränzte Wiesenplan zu unserer Rechten liegt bald als ein tiefes Thal unter uns. Allmälig zieht sich aus ihm ein Tannengebüsch den schroffen Abhang herauf und bis dicht zu uns heran. In dieses führt von der Chaussee ein Parkweg hinein, der sich darin alsbald (von Wilhelmsthal abwärts) nach links wendet, und ziemlich steil in den Thalgrund hinuntersteigt, dort einen andern Parkweg aufnehmend, der gleichfalls, aber tiefer gelegen, von Wilhelmsthal herkommt. Immer Wilhelmsthal im Rücken, treten wir nach ungefähr 200 Schritten aus dem Gehölz auf einen schmalen Wiesenplatz, hinter welchem der Wald aufs neue beginnt. An dieser Stelle spaltet sich unser Weg in zweie, die in geringer Entfernung von einander ziemlich parallel an den gegenüberstehenden Wänden einer tiefen Thalschlucht in die Höhe laufen. Beide Wege führen zur Hochwaldsgrotte, zu der wir jetzt hinwandern. Der Weg zur Linken ist durch die Felswände interessant, an deren Fuße er sich hinschlängelt. Wir wählen aber, um die Grotte von ihrer imposantesten Seite zu begrüßen, den entgegengesetzten, der sich rechts durch die Buchen emporzieht. Die Felspartien des anderen Weges bleiben uns so nahe, daß wir sie dennoch durch die Wipfel der Bäume betrachten können, und sie stellen sich uns hier in pittoreskerer Form dar. Je höher wir steigen, desto tiefer gähnt die Schlucht neben uns empor. Aus ihrem Schoße ragen die Bäume wie Riesensäulen herauf, und ihre Wipfel umschleiern den Pfad mit geheimnißvollem Dunkel. Wer hier allein wandelt, muß in dem wilden Thale sich furcht-

---

und dem rechten Seitenflügel. Derselbe bringt ihn von hier auf die oben beschriebene Wiese, auf welcher er in das Tannengehölz hineingeht, und sich dort (s. oben) mit unserm Wege vereinigt.

bar vereinsamt fühlen. Enger und enger zieht die Schlucht sich zusammen. An der Lehne des Berges, wo wir gehen, steigen jetzt auch mächtige Felsenwände herab. Aus ihnen gähnt endlich

die Hochwaldsgrotte

uns entgegen, ein weites, an 40 Fuß hohes und 60 Fuß breites Felsenthor, welches aber keinen Durchblick gestattet, sondern mit seiner hintern Wand höhlenartig gewölbt bis zur Erde niedersinkt. Ueberrascht und staunend stehen wir vor der gewaltigen Oeffnung. Aus dem stillen dunklen Plätzchen weht tiefer Ernst und erhabener Schauer über uns hin. Die steilen Felsen ringsum, die Schlucht, die zu seiner Seite sich in wilder Zerrissenheit in den Stein weiter bohrt, und die majestätischen Säulenhallen der Bäume, die es umragen, verleihen ihm das Gepräge der tiefsten Melancholie. Wilde Verzweiflung würde hier die geeignetste Stelle finden, sich auszuklagen. Die Nähe der Grotte an dem lieblichen Wilhelmsthal erhöht den Eindruck, den sie hervorbringt. Man erwartet nach so Freundlichem so Grauses nicht.

Ueber die Felsenschlucht, zur Rechten derselben, führt eine Brücke. Hinüberschreitend betrachten wir die Felspartien des anderen Weges, der von Wilhelmsthal hierher führt. Auch die Grotte selbst stellt sich hier in neuer Ansicht dar; besonders heben sich die Steintreppen, die an ihren beiden Seiten in die Höhe laufen, imposanter hervor.

Wir kehren zu ihr zurück, und wenn wir uns auf den Bänken in ihrer Wölbung kurze Rast vergönnt haben, steigen wir (der Brücke entgegengesetzt) die Stufen an ihrer linken Seite hinauf. Sie führen uns auf einem steilen Felspfade neben kolossalen Felswänden zunächst auf einen Bergvorsprung, der uns einen herrlichen Blick auf Wilhelmsthal hinunter öffnet, und von diesem bald auf den Gipfel

des Hirschsteins.

Der umfangreiche kahle Scheitel des Berges, auf welchem nur eine mächtige Eiche gegen die Sonnenstrahlen Schutz bietet, gewährt aufs Neue eine, zwar beschränkte, doch immerhin belohnende Aussicht. Gegen Westen durch den Wald gehemmt, schweift der Blick gen Norden auf die Hörseelberge, gegen Osten zu dem Wachstein und den Wartbergen, und gegen Süden auf das Hochgebirge zwischen Ruhla, Etterwinden und Altenstein hinüber. Die näher gelegenen Berge, ein buntes Gewühl durcheinander, liegen in schönen Gruppen um und neben uns. Am überraschendsten ist der Blick auf Wilhelmsthal nieder, das so freundlich und friedlich zu uns aufschaut, und hier sich zum letzten Male uns zeigt. Wiesen und Büsche setzen seinen reizenden Park bis dicht an unsern Berg fort, der mit furchtbar steilem Abhange in die mächtige Tiefe, die Hölle genannt, zu ihnen hinunterstürzt. Ueber den Wald nach Nordwesten hin erblicken wir ganz nahe die Zinnen der Wartburg. Neben uns auf dem Gipfel des Berges steht eine hohe Wetterfahne, welche der Gegend weit umher die Richtung des Windes verkündet.

Zwei Wege führen von hier nach der Hohen Sonne weiter. Wir wählen den zur Rechten liegenden Fahrweg, und sind in 15 Minuten am letzten Ziele des heutigen Ausfluges. Von Wilhelmsthal bis hierher bedurften wir etwa einer Stunde Zeit.

Die Hohe Sonne,

ein Vergnügungsort der Bewohner von Eisenach, 1½ Stunde von dieser Stadt entfernt, und durch die reizendsten Promenaden, die wir später auch kennen lernen werden, mit ihr verbunden, ist ein auf dem Gipfel des Berges zwischen Eisenach und Wilhelmsthal an der Chaussee gelegenes Etablissement, welches aus einem Jagdhause und einem Wirthshause mit dazu gehörigen Gärten besteht. An seiner Stelle befand sich früher ein vom Herzog Ernst August von Weimar im Jahre 1747 erbautes Jagdschloß, welches, anfangs „das hohe Kreuz" genannt, in der Folge den jetzigen Namen erhielt, weil seine Thurmspitze mit einer Sonne geschmückt war. Am Anfange des jetzigen Jahrhunderts niedergerissen, machte es den oben genannten Gebäuden Platz.

Der Ort hat an sich wenig Hervorstechendes. Nur eine Durchsicht, die im Wirthshausgarten einen Blick auf die nahe Wartburg gestattet, befriedigt die Schaulust; im Uebrigen treten die Wälder ringsum bis dicht an die Häuser heran. Gleichwohl ist derselbe sehr besucht, theils weil er eine bequeme Station an der Heerstraße bietet, theils weil sich an ihn die Eingänge zu den Partien bei Wilhelmsthal und bei Eisenach anschließen. Die Lebensmittel, welche man hier kauft, sind gut und billig; insbesondere ist der Kaffee zu loben.

Auch nach Ruhla bietet sich von hier der bequemste Rückweg, zu dem wir, weil uns heute keine Seitenpartie mehr lockt, höchstens 2 kleine Stunden nöthig haben. Derselbe führt in seinem größten Theile auf

dem Rennsteige

hin. Ueber den ganzen langgedehnten Rücken des Thüringer Waldes führt eine alte, geheimnißvolle Straße, der Rennsteig (Rennstieg, Rennweg) genannt. Bei Hörschel an der Werra beginnend, bei Blankenstein in die Wellen der Saale hinabtauchend, steigt er über die Gipfel der höchsten Berge, in einer Ausdehnung von beinahe 50 Stunden, und fast überall in beträchtlicher

Breite. Nur an wenigen bewohnten Orten streicht er vorüber, nur wenige Aussichten bieten selbst auf den höchsten Bergen von ihm sich dar. Eine Waldeinsamkeit aber umlagert ihn, die nicht süßer, nicht ahnungsreicher sein kann, denn nur der Wald ist fast überall sein Begleiter, und es ist, als wäre der sich an jeder Stelle bewußt, daß er dem Wanderer auf diesem Pfade seine reichsten Zauber in Wonne und Wehmuth bieten müsse, um ihm zu ersetzen, was er von den lieben Bergen sonst zu entbehren hat. Und wer es versteht, sich mit sinnigem Gemüthe in des Waldes Schönheit so ganz zu vertiefen, dem wird auch Ersatz für Alles, was er hier vermißt, für den freundlichen Gruß der Menschen, für die gastliche Hütte, die sich auf betretenerem Pfade ihm öffnet, für den seligen Blick, der von freieren Höhen in die Ferne schweift; und er zieht in inniger Beglückung mit immer neuer Wonne die auf und ab wogende Straße hin.

Wer den Rennweg gegründet, ist ein längst verstummtes Geheimniß, nur die Sage versucht noch Kunde darüber zu geben. Eilfhundert Jahre schon spricht man von ihm, doch kennt man seinen Ursprung nicht. Auch was sein Zweck war, liegt im Dunkel verborgen. Karl der Große wird von den Meisten als Erbauer genannt. Unmittelbar nach ihm liegt der Weg als etwas Bekanntes da, und bildete die Gränze zwischen Franken und Thüringen. Möglicherweise ist er daher als Gränzscheide errichtet worden; als alte Handelsstraße ihn anzusehen, wie Einige gethan, läßt sich nicht rechtfertigen, da er weder bedeutende Handelsplätze mit einander verbunden hat, noch auch an Bequemlichkeiten genug darbietet. In späterer Zeit blieb er zumeist Gränzstraße, und auch jetzt trennt er an vielen Stellen die im Süden und Norden des Gebirges liegenden Staaten.

Die alten Herrscher von Thüringen, so erzählt die Sage, sollen ihn nach jedesmaligem Regierungsantritte mit zahlreichem Gefolge in seiner ganzen Länge durchritten haben, der Welt zum Zeugniß, daß sie Besitz von der Herrschaft genommen.

Bei der Hohen Sonne kreuzt dieser Weg die Chaussee in rechten Winkeln; wir gehen auf ihm vom Gasthause links ab in der Richtung nach dem Hirschstein zu. Bald umfängt uns seine melancholische Einsamkeit, und gewährt uns herrliche Blicke in die hohen Baumwände und in die mächtigen Abgründe, die zu beiden Seiten von Zeit zu Zeit sich öffnen. Nach ungefähr 1 Stunde bringt er uns an den fünfarmigen Wegweiser, der uns beim Heruntersteigen vom Wachstein auf die Straße nach Wilhelmsthal gezeigt hatte. Ein Arm des letzteren weiset uns, auf dem Rennsteige gerade aus, nach Ruhla. Der alte Weg steigt hier auf das Hochgebirge hinauf, wir verfolgen ihn aber nicht weiter, sondern schlagen die links abführende Straße ein, welche an dem Wegweiser mit „nach Heiligenstein" bezeichnet ist. Allmälig bergan steigend, erreichen wir bald den Waldplatz, von wo aus wir zum Wachsteine abgegangen, und treten, immer gerade ausgehend, wieder in den Buchenlaubengang ein, der uns nach einigen Minuten an den uns gleichfalls bekannten umzäunten Waldplatz bringt. Die hier an einem Baume befestigte, schon oben erwähnte Tafel weiset uns jetzt rechts ab nach Ruhla hinunter. Die Waldwiese des kleinen Ringberges ist schnell erreicht, der Gipfel des Bermer auf dem früheren Wege umgangen, und im Abendglanze vor uns liegend grüßt das freundliche Städtchen einladend zu uns herauf. Wir freuen uns nochmals des süßen Anblicks und steigen nach reichem Genusse in das liebe Thal nieder.

Sechster und siebenter Reisetag.

Der Gerberstein, der Inselsberg, der Thorstein, das Fessenthal, der Übelberg, der Kickelhahnsprung. — Das Drusenthal, Liebenstein, Altenstein, die Luthersbuche.

Zu den großartigsten Naturerscheinungen im Thüringer Walde gehört der Sonnen-Unter- und Aufgang vom Inselsberge aus gesehen. Freilich wird ein Ausflug zu diesem Zwecke in einen zweitägigen Zeitraum fallen müssen. Es wird daher gerathen sein, sich den Besuch des Inselsberges nicht als alleiniges Ziel seiner Wallfahrt vorzusetzen, sondern jedenfalls noch andere interessante Partien seiner nähern oder entfernteren Umgebung hier mit anzuschließen. Man hat dabei die Wahl zwischen dem Norden des Berges mit Reinhardsbrunn, und dem Süden mit dem Drusenthale, Liebenstein und Altenstein. Die letztere Tour ist unfehlbar die zweckmäßigere.

Man kann Reinhardsbrunn, außer auf dem Wege über den Inselsberg, noch auf mehreren anderen von Ruhla aus besuchen. Hin- und Rückreise wird immer eine große Anzahl neuer sehenswerther Orte bieten, die man in keinem Falle zur Seite liegen lassen sollte. Nicht so mit Liebenstein und dem noch entfernteren Drusenthale. Wenn man den Weg nach diesen Punkten von Ruhla aus nicht über den Inselsberg nimmt, so bleibt er auf der Rückreise derselbe, oder man muß Gegenden passiren, die bei ihrem durchgehends waldigen Charakter nur sehr geringe Ausbeute gewähren.

Wir ziehen also zunächst das Drusenthal bei Herges, das Bad und die Ruine Liebenstein und das Herzoglich Meiningensche Lustschloß Altenstein in unseren Ausflug.

Eine andere Partie, welche bei der zweitägigen Zeit gleichfalls am angemessensten hiermit verbunden wird, ist der Thorstein, ein imposantes Felsenthor am Felsenthale unterhalb des Inselsberges, der Uebelberg bei Tabarz und der Kickelhahnsprung, eine mächtige Felswand im Ungeheuren Grunde. Auch diese könnte man von anders woher — von Reinhardsbrunn aus — mitnehmen. Bei ihrem Umfange aber würde man aufs Neue zwei Tage brauchen, und es empfiehlt sich um so mehr sie hier mit anzuknüpfen, als zu ihrer Ausführung der erste Tag der Wanderung noch Zeit genug bietet.

Zu beachten wird man noch haben, daß der zweite Tag unseres Ausfluges auf einen Sonntag falle, weil nur an diesem Tage in gewissen Sommermonaten die merkwürdige Höhle bei Altenstein erleuchtet wird, und ihr Besuch in solcher Gestalt am interessantesten ist. Auch wird man nicht umhin können, unerachtet zwei Tage auf die Partie verwendet werden, sich der Beihülfe eines Wagens zu bedienen, und die Strecken von Ruhla bis auf den Inselsberg und vom letzteren bis nach Liebenstein auf diesem zurückzulegen. Denn obschon ein rüstiger Fußgänger am ersten Tage den Nebenausflug auf den Uebelberg noch mit bestreiten könnte, so würde doch selbst der Rüstigste nicht im Stande sein, am zweiten, unter dem Mitbesuche von Liebenstein, so zeitig in Altenstein einzutreffen, daß er die, nur in den Vormittagsstunden von 10 bis 12 Uhr erleuchtete Höhle noch geöffnet fände. Selbst mit einem Wagen wird man aber von Ruhla aus spätestens um 7 Uhr des Morgens aufbrechen müssen.

Wer gleichwohl den ganzen Ausflug zu Fuß machen will, der wird hiernach mindestens drittehalb Tage brauchen. Wie diese abzutheilen sind, soll am Ende des siebenten Reisetages näher angegeben werden. Für solche habe ich, auch wo wir den Wagen benutzten, die Wege, wie bei den übrigen Partien, genau vorgezeichnet.

Sechster Reisetag.

Der Inselsberg und Uebelberg.

Der Weg von Ruhla nach dem Inselsberge fällt in seinem ersten Theile mit der Chaussee nach Altenstein zusammen, die vom obern Ausgange des Städtchens in dem Thale zwischen dem Mühlrain und dem Dornsenberge hinläuft, und bevor sie den nahen Wald des Bergstieges betritt, an der Thalwiese der alten Ruhl, dem Platze, wo Ruhla früher gestanden, links vorübergeht. Nach dreiviertelstündiger Wanderung sehen wir zu unserer Linken den Bergstieg-Wald in eine Lichtung sich öffnen, und erblicken hier den steilen Felskegel des Gerbersteins, der, einem zertrümmerten Riesenschlosse gleich, unfern von uns gen Himmel strebt. Ein Rasenweg, der nahe an dieser Stelle die Chaussee kreuzt (es ist der Rennsteig), scheint auf den Berg hinzuführen. Er würde uns aber, wenn wir ihn verfolgten, nur auf bedeutendem Umwege ans Ziel bringen; wir gehen daher, seiner nicht achtend, auf der Chaussee fort, bis wir endlich auf dem Rücken des Bergstieges an einen Wegweiser kommen, bei welchem sich die Straße theilt. Der eine Arm derselben steigt gerade aus steil nach Altenstein hinunter, ein zweiter führt links ab auf dem Kamme des Berges nach Winterstein. Ueber den ersteren Weg hin öffnet sich eine köstliche Aussicht in das breite reich bewohnte Werrathal, und auf die fern dahinter liegenden Basaltkegel des Rhöngebirges, vor denen sich die noch zum Thüringer Walde gehörende Bleßkoppe hinlagert.

Wir schlagen nun von hier ab die Chaussee nach Winterstein ein. Zu unserer Linken dehnen sich Wiesengründe die Abhänge nieder; hinter ihnen ragen der mächtige Dom des Breitenberges und die beiden Reuterberge empor. Weiter hinaus liegen die Ebenen zwischen Gotha und Eisenach. — Rechts, dicht neben der Chaussee, alsbald vom Wegweiser ab, breitet sich ein schon ziemlich gelichteter Buchenwald aus, dem nach einigen hundert Schritten, gleichfalls an der Chaussee, eine niedrige Tannenschonung sich anschließt. Dieselbe bildet den Fuß

des Gerbersteins,

eines wilden Felskegels, der, auf dem Rücken des Hochgebirges ruhend, von hier ab zu unserer Rechten schroff in die Höhe steigt. — Die Schonung bekleidet seinen auf uns gerichteten nördlichen Abhang bis zum Gipfel. Droben starren, kühn aufstrebend, gewaltige Felsklippen umher, die in steilem Abfalle nach Süden sich in ein tiefes Thal hinunterziehen. Buchenwipfel dringen aus ihren Spalten hervor.

Sie bieten von ihrer Spitze eine schöne Aussicht, nur führt kein erkennbarer Weg zu ihnen hin. Am besten gehen wir daher, um sie zu besteigen, da, wo die Tannen und Buchen an einander gränzen, von der Chaussee rechts ab über den Waldrasen am Saume der Schonung entlang, über eine Fahrstraße fort, welche aus dieser an uns vorüberführt, und bis an einen breiten Rasenweg hin, der, einer Allee ähnlich, sich nach einigen hundert Schritten links in die Schonung öffnet. In seinem Hintergrunde sehen wir die Felsen, die bis dorthin sich herabsenken. In Kurzem stehen wir unter ihnen.

Mächtige Granitblöcke auf einem weiten Platze in wilde Regellosigkeit durch einander gewälzt, bald steil emporragend gleich stolzen Thurmruinen, bald halb zertrümmert auf dem Boden umhergestreut, bald über uns hängend, als wollten sie auf uns stürzen. Durch die grauen Steinmassen geschlungen, wilde Klüfte, unwegsam durch üppig wuchernde Farrnkräuter und Buchengestrüpp. Vielleicht bildeten auch sie einst eine schön geformte Bergkoppe. Welch allgewaltige Naturrevolution muß es gewesen sein, die sie so furchtbar zersplittert und mit vernichtender Kraft durch einander geschleudert hat! Wir stehen vor einem der Räthsel, die der menschliche Geist vergeblich zu lösen bestrebt ist.

Ein Fußweg, der sich alsbald in mehrere spaltet, führt uns an den leidlichsten Stellen zu einigen der Hauptfelsen hinauf. Dort können wir sie ganz übersehen; sie zerfallen in mehrere, vom Gipfel des Berges in das Thal niedersteigende, gesonderte Gruppen, insgesammt von gleichem Charakter.

Der Blick von ihnen senkt sich zuerst in die Klüfte nieder, die wild zu uns emporgähnen, und dann über den südlich ausgedehnten Waldkessel fort, der tief unten zu ihren Füßen ruht. Eine einsame Waldnatur liegt weithin unter uns. Berghäupter tauchen in der Ferne aus ihr hervor und reihen sich bis zum Saume des Horizonts an neue Berge an. Nirgend eine Spur bewohnter Stätten. Nach Südwesten nur einige schmale Streifen des lustige=

ren Werrathals, begränzt vom Bleßberge und der Rhön; nach Ruhla hin ein Paar freundlichere Wiesenthäler am Breitenberge hinauf. Ein weites Bild voll tiefer, schwermüthiger Poesie! Doch wie ganz anders der Blick, wenn man durch die Tannenschonung dringt, die gen Norden in sanfterem Abhange zu uns heraufsteigt. Ueber ein hohes Wiesenthal, das zu unsern Füßen sich hinstreckt — das Hausfeld genannt —, die lachenden Fluren Nordthüringens, mit Dörfern und Weilern besäet, bis zu dem nebelblauen Harzgebirge hinauf; in einen weit offenen Rahmen gefaßt von dem Breitenberge und den waldigen Vorbergen des Inselsberges, welche gleich mächtigen Säulen die Aussicht zu beiden Seiten begränzen; ein seltsamer Contrast mit der majestätischen Oede gen Süden hin! —

Auf dem Wege, der uns herauf gebracht, kehren wir bis zu der Stelle zurück, wo wir die Chaussee verlassen hatten, und gehen nun in der Richtung nach Winterstein noch einige tausend Schritte auf derselben vorwärts. Ein kleines Gehölz tritt, dem Gerbersteine gegenüber, zu unserer Linken an sie heran. An seinem Ende bemerken wir auf der Wiese unter uns — dem Hausfelde — einen alten vierarmigen Wegweiser. Einer seiner Arme zeigt rechtwinklich über die Chaussee, nach uns zu, in eine enge Fahrstraße, die rechts von jener und uns, durch die dichte Tannenschonung den östlichen Abhang des Gerbersteines entlang nach „Brotterode" führt. In diese Straße wenden wir uns hinein, von der Chaussee abgehend. — Es ist abermals der Rennsteig, der hier mit einem Verbindungswege zusammenfällt, und uns nunmehr, mit einer nur kurzen Unterbrechung, bis auf den Gipfel des Inselberges geleitet. —

Oede und steinig führt er weiter; den kleinen und großen Weißenberg hinauf; über Hochwiesen, von denen sich bisweilen nach Thüringen und Franken herrliche Aussichten bieten; nur selten von andern Wegen durchschnitten, immer auf dem Rücken des Hochgebirges hin, und nirgends zu fehlen, weil in seiner ganzen Ausdehnung Gränzsteine in kurzen Zwischenräumen an seiner Seite stehen. Sie tragen die Signatur der Länder, deren Gränze er bildet. — Jenseits des großen Weißenberges auf eine Wiese hinabsteigend, hebt der Weg sich bald wieder zum Dreiherrnstein empor, einem kleinen Bergplateau, auf welchem die Gränzen von Gotha, Meiningen und Kurhessen zusammenstoßen. Hier trennt er sich von der Straße nach Brotterode; ein Wegweiser bezeichnet seinen weitern Lauf nach dem Inselsberge hin. Bisher nur von düsterem Tannengebüsch begleitet, schlingt er sich von hier ab fast bis zum Gipfel des Inselsberges unter schattigen Buchenlauben fort. Zu seiner Linken öffnen von Zeit zu Zeit sich Waldgründe, aus denen die Ahnung der Schönheiten, die unten sich bergen, zu uns emporweht. Auch der Inselsberg mit riesigem Haupte blickt von jener Seite durch die Kronen der Bäume schon manchmal zu uns nieder. —

Vom Dreiherrnsteine ziemlich steil hinunter gehend, kommen wir bald auf eine tief gelegene Waldwiese. Wir schreiten am linken Rande derselben fort, erklimmen — aufs Neue in den Wald gelangt — die mächtige Höhe des Beerberges*), und erreichen endlich in fortwährend scharfem Aufwärtsgehen den Mittelberg, den letzten Vorberg des Inselsberges. Hier überschreitet der Rennsteig den Weg, welcher von Winterstein nach Brotterode führt. Ungefähr 20 Minuten von dieser Stelle trennt er sich

---

*) Nicht zu verwechseln mit dem Beerberge bei Oberhof, dem höchsten des ganzen Gebirges.

auf kurze Zeit von der Fahrstraße, mit welcher er bisher vereinigt gewesen, und geht mit seinen Gränzsteinen, die hier überall bald mit K. H. (Kur-Hessen), bald mit S. G. (Sachsen-Gotha) gezeichnet sind, von letzterer scharf links ab, über eine kleine Sumpfwiese hin. Wir verfolgen den Fahrweg gerade aus in den Wald hinein. Er bringt uns weiter oben nach wenigen Minuten auf den Rennsteig zurück, welcher nun an dem letzten Gipfel

des Inselsberges

steil emporklimmt.

Anfänglich zu beiden Seiten noch von niedrigem Gehölz umschlossen, aus welchem sich nur vom Brotteroder Steine — einer rechts am Wege liegenden, tief in das Thal hinab ragenden Felsenklippe — eine zwar eingeengte, aber kostbare Fernsicht über Brotterode und den dahinter liegenden Seimberg nach Franken bietet — wird unser Umblick, je höher wir steigen, freier und umfassender. Mit jedem Schritte tauchen neue Berge und Länder um uns auf; immer weiter, voller und reicher wird die Gegend, die zu unsern Füßen sich ausbreitet; immer bunter fluthen Berge und Klüfte, Felder und Haine, Dörfer und Städte durcheinander; immer überwältigender drängt die zauberische Pracht, die sich vor uns entfaltet, an unser Herz, und — wir haben den Gipfel des majestätischen Berges erreicht! —

Sehr erschöpft nach der beinahe vierstündigen beschwerlichen Wanderung treten wir sofort in das Gasthaus des Inselsberges ein, um, bevor wir der Aussicht genießen, uns erst lange abzukühlen, was nach großer Erhitzung bei der Heftigkeit des zumeist hier wehenden Zugwindes, zur Vermeidung gefährlicher Folgen, dringend nothwendig ist.

Der Thüringer Wald zeichnet sich im Allgemeinen durch eine

hohe Schönheit seiner Berge aus. Von ferne gesehen zwar oft einem langhingedehnten waldigen Rücken gleichend, ohne besonders hervorstechende Erhebungen, zerspaltet er sich für den nahen Beobachter auf seiner westlichen Hälfte bis nach Amt Göhren in zahllose, majestätische Koppen, die, eng durcheinander gefügt, sich domförmig erheben, und mit oft sehr steilen Abhängen nach allen Seiten zu in Thäler hinabsteigen, die zumeist in beträchtlicher Tiefe sich neben ihnen hinziehen. Durch schmale unter ihren Gipfeln liegende Sättel, gewöhnlich mit Hochwiesen bedeckt, stehen diese Berge mit einem oder mehreren ihrer Nachbarberge in fortlaufender Verbindung. Diese Formation ist dem Porphyr eigen, aus welchem das Gebirge von Hörschel bis zum Thale der Wohlrose und des Möhrenbach bei Amt Göhren zumeist besteht. Von hier ab, wie wir gesehen haben, beginnt die Schieferformation, die sich bis zu seinem östlichen Ausgange an der Saale erstreckt, und ihrem Charakter gemäß, statt der domförmigen Berge nun langgedehnte Kämme erzeugt, die sich nur selten in tiefere Thäler abdachen, in deren Mitte aber bedeutende Hochebenen lagern. Auf diese Weise hängt zunächst der Rücken des Gebirgs zusammen, eine Kette von zahllosen Bergen, die, bei Hörschel an der Werra beginnend, sich nach Südosten zu bis Blankenstein an der Saale in verschiedenen Krümmungen in einer Länge von beinahe 50 Stunden hinzieht. Der Rennsteig läuft über denselben fort. — Vom Gebirgsrücken aus erstrecken sich nach Süden und Norden unzählige kleinere Bergketten, welche — in mannigfachen Windungen dicht neben einander fortstreichend, und durch Bäche, die in der Regel sogleich am Hauptkamme in schmale, tiefe Thäler steil hinabfallen, geschieden — endlich in die Fläche auslaufen. Die höheren Punkte des Hochgebirges sind von diesen Nebenzweigen oft strahlenförmig umgeben, und zur Seite der Sättel, die sie mit ihnen verbinden, von schauerlich tiefen Klüften umringt. Zwischen den einzelnen Bergen der Ausläufer, die sich nach der Fläche zu allmälig abdachen, liegen zumeist nur kleinere Hochwiesen. Eine reiche Bewaldung zieht sich fast durchgehends über das ganze Gebirge hin; im Westen bis Friedrichsroda vorherrschend Buchen, im Uebrigen mit wenigen Ausnahmen Tannen- und Fichtengehölz. Bis in die tiefsten Thäler hinabsteigend, und dort den Saum üppiger Matten bekränzend, giebt sie jenen eben das reiche Maaß von Anmuth und Lieblichkeit, das den Thüringer Wald vor allen anderen norddeutschen Gebirgen auszeichnet.

Zwar nicht der höchste, aber jedenfalls der herrlichste aller dieser Berge ist der Inselsberg, welcher — 2856 Fuß über der Meeresfläche — aus dem Gebirgskamme steil emporsteigt, und, überall von niedrigeren Bergen umgeben und weithin sichtbar, von seinem schön geformten, unbewaldeten Gipfel die umfassendste Rundsicht darbietet. Mit Recht ist er daher der beliebteste Wallfahrtsort der Bergbewanderer, und die Frequenz auf ihm ist in neuerer Zeit so gewachsen, daß in den Sommermonaten oft täglich über hundert Personen hinaufsteigen, und in der Hoffnung eines schönen Sonnenunter- und Aufganges, die Nacht daselbst zubringen. — Was dem Berge seinen Namen gegeben, ist unbekannt; leicht verzeihlich dürfte es sein, wenn man denselben von seiner bevorzugten Lage ableitet. Gleicht er doch in der That einer steilen felsigen Insel, die aus den Berggipfeln wie aus einem wogenden Meere hervorragt.

Als Ziel fröhlicher Ausflüge war der Inselsberg schon in früher Zeit sehr geschätzt. Bereits im Jahre 1648 wurde von Herzog Ernst dem Frommen von Gotha auf seinem höchsten Gipfel ein kleines achteckiges Thurmschlößchen gebaut, welches mehrere Wohn-

und Wirthschaftsräume enthielt. Im Jahre 1836 vom Sturme zertrümmert, ist es jetzt nur noch in seinem rohesten Unterbaue sichtbar, der mit seiner Erhebung statt eines Altans dient, von wo aus man das große Panorama rund umher betrachtet. Später entstanden dort zwei Gasthäuser, unbedeutende Bauerhütten, das eine auf Gothaischer, das andere auf Hessischer Seite, welche Länder, durch den über den Gipfel laufenden Rennsteig getrennt, in die nördliche und südliche Hälfte des Berges sich theilen. Beide Gebäude waren der Hoheit des Ortes unwürdig.

Vor zwei Jahren wurde daher von dem jetzigen Herzog von Gotha, dem der Thüringer Wald überhaupt viel zu danken hat, dicht unter der östlichen Abdachung des Gipfels ein geschmackvolles, geräumiges Hotel mit hohen und großen Zimmern erbaut, in welchem der Fremde sehr wohl aufgehoben ist. Die Sachen, die man hier genießt, sind sehr gut, die Bedienung prompt, der von der Staatsregierung festgestellte Preis — zumal wenn erwogen wird, daß alle Lebensmittel und sogar das Wasser erst den Berg herauf geschafft werden müssen — auffallend billig. Das untere Geschoß des Hauses enthält zwei große Versammlungs- und Speisesäle; das obere die Fremdenzimmer, in denen sich reinliche Betten und Federmatratzen vorfinden. Ein solches Zimmer mit 2 Betten kostet für eine Nacht 20 Sgr., mit 3 Betten 24 Sgr.; der Mittagstisch aus mehreren Gängen das Couvert 7 Sgr. 6 Pf., die Portion Kaffee 4 Sgr., der Krug sehr gutes Bier 1 Sgr. 3 Pf. — Die Hauptfront des Gebäudes geht in weiser Berechnung nach Osten hinaus, damit man, ohne Erkältung zu fürchten, den Sonnenaufgang auch vom Zimmer aus genießen kann.

Nachdem wir hier eingetreten, währt es geraume Zeit, bevor

wir uns vollständig erholt haben. Wir füllen diese aus, indem wir uns an Speise und Trank weidlich laben, und sodann zu unserer Vorbereitung das Inselsberg-Panorama studiren: eine 90 Zoll lange Karte in Bandform, die nach Art des Rhein-Panorama vom Major von Pläncker zu Coburg entworfen, uns sämmtliche vom Inselsberg sichtbare Punkte in ihrer genauesten Lage vor die Augen stellt, und uns vortrefflich in der Gegend orientirt. Dasselbe liegt beim Gastgeber zur Benutzung auf, kann auch — bei Perthes in Gotha erschienen — für den Preis von 1 Rthlr. 15 Sgr. hier käuflich erworben werden, wozu namentlich gebildeteren Reisenden sehr zu rathen ist. So gerüstet betreten wir den Gipfel des Bergfürsten.

Welche Unermeßlichkeit liegt zu unsern Füßen, ringsum sich hinausdrängend bis zu der fernsten Gebirge duftigem Kranze! — Welche Worte vermögen den Eindruck zu schildern, wer vermag das Gefühl wiederzugeben, das des Staunenden, zur Anbetung Hingerissenen sich bemächtigt. Momente, wie dieser, so groß, so überwältigend, machen den beredtesten Mund verstummen, nur ein kurzer leiser Ausruf des Entzückens dringt aus dem Busen. Von den schaurigen tiefen Grüften unter uns, die vor den strahlenförmig ausschießenden Vorbergen emporgähnen; über die näheren Berge hinaus; über die fernen lachenden Fluren fort, und in immer weiteren Kreisen, bis zu den Nebelzügen der Gebirge, die kaum mehr erkennbar den fernsten Horizont rings umlagern, streckt Gipfel an Gipfel in den malerischesten Formen das Haupt empor; Stadt ruht an Stadt; Dorf an Dorf; und die Wälder, die Wiesen, die Bäche, die Teiche, in welch buntem Gemisch sind sie vor uns ausgeschüttet! Wonnetrunken schlürft das Auge die weite Herrlichkeit ein, und kaum regt sich das Verlangen, auch zu wissen, wohin man schaut. Und nutzt es denn auch, alle die Namen zu kennen? sie ziehen uns ja doch nur wieder zur Erde herab, über die das himmlische Bild uns hoch erhob! — Verschönt es denn wirklich die Gegend, wenn ich weiß, da liegt der, dort jener Ort? — Die Orte werden uns dadurch nicht bekannter, nicht vertrauter: die Art nur, wie sie vor unser Auge treten, in dem Kranze ihrer Berge, Wälder und Fluren; die holden Formen, in denen sie unter einander sich mischen und zu dem großen Gemälde verschlingen: sie sind es, die das Herz uns entzücken!

Doch des Menschen Interesse ist ja nur zu oft an Namen allein geknüpft. Der reine Genuß des Herrlichen und Schönen befriedigt ihn nicht. Erst der Name verleiht den Werth. So mögen die Namen denn auch hier genannt werden, und im Norden beginne ihre zahllose Reihe.

Dort lagert mit seinen hervorragendsten Spitzen der Harz; über ihn gethürmt der dreihäuptige Brocken; vor ihm, in einer weiten wellenförmigen Fläche, die schroffe Felswand der Hörseelberge; zu ihren Füßen zwischen Hügel umhergestreut die Dörfer Sättelstädt, Mechterstädt, Laucha, Schwarzhausen und Langenhayn; dicht unter uns die ersten Erhebungen des Gebirges: der Breiteberg, der kleine Inselsberg, der gebrannte Berg, der Hübelkopf; in ihrem Schooße, kesselförmig von steilen Wänden umgeben, in dem düstern Thale der Emse, Winterstein. — Den Nordosten des Horizonts begränzen der Kyffhäuser, die Hainleite und die Sachsenburg. In der Ebene prangt ein reicher Schmuck von Dörfern. Aus ihrer Mitte glänzt der Friedenstein, Gotha's Fürstenschloß, von der freundlichen Stadt umringt. Links davon Asbach und Fröttstädt. Ein vorüberbrausender Dampfzug deutet die Richtung an, in welcher sich die Eisenbahn durch die Hügel windet. Am Fuße des Gebirges

Waltershausen; darüber, auf der Höhe des Burgberges, Schloß Tenneberg mit seinem weißen Giebelkranze; uns näher der reizende Lauchagrund mit Cabarz, Tabarz und Nonnenberg; unter uns eine Wogenfluth von Bergkoppen: die Schönleite, der Daten-, der Zimmer-, der Uebel-, der Rothenberg, mit dunklen Klüften, die sich bis an den Abhang des Inselsberges schlingen. — Weiter östlich: der breite Rücken des Ettersberges bei Weimar; Erfurt's Dom, eingeklemmt in die Schlucht zwischen dem Steigerwalde und der Cyriacsburg; Dietendorf, Apfelstädt, Wandersleben, Wechmar, Burg Gleichen, die Wachsenburg; das Gebirge beginnend: der Schorn, der Abtsberg, der Aschenberg; an dessen Wänden, dicht unter uns, die großartigen Felsmassen des Felsenthals. — Im hohen Osten: die Berge um Jena, Blankenstein und Arnstadt; Ohrdruff, eine lange Baum- und Häuserwand im Thale der Ohre; Katterfeld, am Saume eines Waldberges; zu seiner Rechten über das Gehölz blickend die Johanniskirche bei Altenberga*); im Gebirge: der Regenberg mit einem kleinen Pavillon; ihm zu Füßen auf einer freundlichen Hochwiese, von Tannen umkränzt, das schmucke Jagdhaus, die Tanzbuche — ein gar trauliches Waldplätzchen, das uns leider zu sehr aus dem Wege liegt, um es mit besuchen zu können; nahe bei uns: der Simmetberg, der Tenneberg, der Wagenberg. — Nach Südost herum der weite Kamm des Gebirges, aus welchem Berge an Berge mit ihren waldigen Koppen emportauchen, bis sie fernhin in Nebelblau verfließen. Es würde zu ermüdend sein, alle ihre Namen hier zu nennen, denn bis

*) Der Kandelaber, ein Denkmal an die Verkündigung des Evangeliums durch Bonifazius, auf einer Höhe bei Altenberga, ist nicht mehr sichtbar; die Bäume verdecken ihn bereits.

zu den Bergrücken hinter Blankenburg, an Ilmenau, vor dem Schneekopf und Beerberg vorüber, nach Suhl und Schleusingen fort, und bis nach Hildburghausen hinunter, ist beinahe keine irgend hervorragende Anhöhe, von welcher aus der Inselsberg nicht gesehen würde. Man müßte sie alle aufzählen. Drum sei nur der Gickelhahn genannt, der mit seiner zackigen Waldkrone sich auf dem dunkeln Gebirgskamme mehr nach Osten zu hinlagert; der Schneekopf, der mit seinem Thurme stolz in die Luft ragt; und der Beerberg, der, zu seiner Rechten gelehnt, an seiner Brust den Rennsteig als ein breites Ordensband weithin leuchten läßt. Das Inselsberg-Panorama mag dem Wißbegierigen den weiteren Aufschluß geben. — Rechts vom Gebirge dehnt sich in weiter Fläche das ehemalig Hennebergische Land aus. Aus seiner Mitte schauen die spitzen Kegel der Gleichberge bei Römhild, und — gerade im Süden — der Dolmar und die Geba bei Meiningen hervor. Am Horizonte schimmert blau der Frankenwald; im Thale, dicht zu unsern Füßen streckt Brotterode lang sich aus, überragt von dem waldigen Seimberge. — Gen Südwest, über den Mittelberg und die Berge vor Liebenstein, öffnet sich das fruchtreiche Werrathal, ein buntes Gewebe von Dörfern und Städten, von Wäldern und Auen, hier und dort durchblitzt von leuchtenden Wasserspiegeln, und in fernster Weite umgürtet von der blauen Kette der Rhöngebirge und ihren pittoresken Berghäuptern: dem heiligen Kreuzberge, dem Baier, dem Dietrichsberge, dem Ochsenkopf. In der Mitte dieser Berge erhebt sich, hart am Rande des Thales, uns näher, der kegelförmige Bleßkopf; links vom heiligen Kreuzberge, an einem langen Bergrücken, der vor jenem nach der Geba hinüberstreicht, erkennen wir die Ruine des Schlosses Henneberg. — Gen Westen und Nordwesten herrschen aufs Neue die Gebirge des Waldes vor: die Wartburg, die Ruine Scharffenstein, die Berge um Ruhla, der Wachstein, die Wartberge, der Meisenstein, insgesammt alte Bekannte. Dicht vor uns ragt aus wilden, schaurigen Klüften der steile waldige Tröhberg in die Höhe. Den fernsten Horizont umkränzen die Hessischen Gebirge, unter ihnen der Sillingswald, der Meißner und die Wilhelmshöhe.

Am schönsten stellt sich die unermeßliche Rundsicht in den Abendstunden von 6 bis 7 dar. Des Morgens und Mittags sind einzelne ihrer Theile häufig von leisem Duft umflort. Lange staunen wir das mächtige Bild an und genießen in vollen Zügen. Dann steigen wir zum Gasthofe hinunter, um zum Weitermarsch auf den Uebelberg uns zu rüsten, — eine Partie, die mit den nöthigen Aufenthalten gegen sechs Stunden erfordert, und auf welcher sich nirgends ein gastliches Unterkommen bietet. Nachhaltige Stärkung im Voraus ist daher sehr zu empfehlen. Im Gasthause finden wir die Zahl der Ankömmlinge bedeutend vermehrt, und freuen uns, daß wir zu früher Stunde angelangt. Wer an schönen Sommertagen erst des Nachmittags hier eintrifft, erhält in der Regel kein Bette mehr, sondern muß sich mit einer Streu begnügen, die in den Versammlungssälen eingerichtet wird.

Rechts vom Gasthofe — unmittelbar vor dem alten Wirthshause — führt ein Parkweg den östlichen Abhang des Inselsberges steil hinunter, neben einem schauerlichen Abgrunde hin, über die Chaussee, welche im Thale von Waltershausen nach Brotterode geht, gerade fort, und in den Wald hinein, woselbst er sich immer mehr abwärts senkt. Diesen Weg schlagen wir ein. Er bringt uns nach halbstündiger Wanderung aus dem Walde auf eine kleine Wiese, die, an drei Seiten von den fast senkrechten, sehr hohen Wänden des Wagenberges, der Schönleite und des Inselsberges umschlossen, uns das Gasthaus auf letzterem wie durch ein großes Perspectiv erblicken läßt. — Ein allerliebster Anblick, das kleine helle Zwerghäuschen über den hohen frischen Buchenwänden! eine Anzeige indessen, wie tief wir schon heruntergestiegen. Wir gehen aufs Neue in den Wald, immer stark bergab. Nach wenigen Minuten öffnet sich vor uns ein mächtiges Felsenthor. Es ist der Thorstein, eine großartige Felsenwand, in deren Mitte sich eine von der Natur gebildete, weite und ziemlich tiefe Thorwölbung öffnet. Unser Weg führt durch dieselbe abwärts auf ein kleines Plateau, das vor dem jenseitigen Eingange auf einem Felsengipfel ruhet. Es schaut in einen schroffen Abgrund hinunter; zu unsern Füßen liegt

das Felsenthal.

Wie schauerlich der Blick in diese jähe Tiefe! Ein wild zerrissener Kessel, von Felsblöcken durchwälzt, von Farrnkraut und Gestrüpp durchwuchert, überwölbt von Tannen und Buchen, die dicht gedrängt aus den Felsenspalten heraufschießen, und die trostlose Oede mit Dunkel umhüllen! An beiden Seiten, sich nahe gegenüber, schroffe Bergwände, von Schluchten durchklüftet! Dort — an die belaubten Gipfel gelehnt, graue Felsenburgen, mit Säulen und Klippen hoch in die Lüfte ragend, und über die Kronen der Buchen ins Thal niederblickend! Im tiefsten Grunde ein rauschender Bach, bald sichtbar, bald in Felsen und Kraut versteckt! —

Das Felsenthal — der obere Theil des sonst so freundlichen Lauchagrundes ist eine der wildesten Stellen des Gebirges. Am Thorsteine beginnend, wo die engen felsigen Schluchten zwischen der Schönleite, dem Wagenberge, dem Bärenbruch und dem

Aschenberge kesselförmig zusammenstoßen, erstreckt es sich, von der Laucha durchströmt, zwischen den Wänden des Aschen- und Rothenberges ungefähr 20 Minuten weit abwärts, und geht hier in den immer noch waldigen, später zum lieblichsten Thalkessel sich weitenden untern Theil des Lauchagrundes über. Die Berge zu seiner Seite, hoch und steil, drängen sich eng aneinander. Sein Charakter, anfänglich wilde Zerrissenheit, wird bald ruhige Majestät. Seine Felsgebilde, kühne Vorsprünge an den Gipfeln der Berge, die am Thorsteine gedrängter stehen, treten weiter unten vereinzelter auf. Sie sind von mächtiger Höhe; am imposantesten dem Thorsteine gegenüber, der Bärenbruchstein und der Aschenbergstein, beide über 100 Fuß. Auf letzterem steht ein Kreuz, ein Weg führt hinauf, der über dem Rande des Thales zum Uebelberge weiter geht. Sein steiles Ansteigen lockt uns nicht; der Weg im Thale dünkt uns schöner und belohnender.

Vom Gipfel des Thorsteins, wohin ein Fußsteig führt, noch einen Blick auf den hochromantischen Platz werfend, gehen wir von dem Felsenplateau links ab in den Grund hinunter. Die schauerliche Wildniß bald hinter uns, wähnen wir in einem Tempel zu stehen, den Gott selbst zu seiner Anbetung weihte. Wie Hochaltäre ragen die Felsen, aus der Bäume Dunkel immer neu sich herausgebärend, um uns empor. Bald wird das Thal milder; die Laucha, dem wilden Gestrüppe entronnen, fließt ruhiger an unserer Seite, die Bäume werden lichter; eine freundliche Wiese öffnet sich, und am Saume des Waldes, den wir verlassen, grüßt ein schmuckes Häuschen uns traulich entgegen. —

An diesem Hause sagen wir dem schönen Thale Lebewohl. Von ihm aus führt ein Weg zum

Uebelberg

hinauf, der neben uns (rechts) mit steilem Abhang sich erhebt (2200 Fuß über dem Meere). Der steinige Pfad droht zwar manche Beschwerde, doch muthvoll erklimmen wir ihn, und kommen nach einer halben Stunde auf des Berges Gipfel, wo ein Pavillon, auf steilem Felskamme hinausgebaut, uns Müden erquickende Rast beut. —

Als ob wir aus dem tosenden Gewühle eines glänzenden Freudenfestes, überwältigt von jedem Eindrucke rauschender Lust, plötzlich in das traute heimische Gemach träten, und in süßer Einsamkeit dem innigsten Freunde uns an die Brust würfen: so war das Gefühl, das uns durchdrang, als wir von hier in die Gegend schauten. Nur der Lauchagrund, da, wo er Nonnenberg, Cabarz und die beiden Tabarz in seinem frisch grünen Schooße birgt, liegt in enger Bergumfriedung, vom flüchtigen Spiegel der Laucha und des Mühlbaches durchblitzt, zu unsern Füßen; was sonst sich zeigt, hat der Inselsberg schon reicher geboten. Doch dieser Thalesschooß, welch seliger Frieden umweht sein paradiesisches Gefilde! Nach den überwältigenden Eindrücken des Inselsberges wird hier eine Ruhe in das Gemüth gesenkt, die es unaussprechlich beglückt. Die Sturmfluth des Entzückens ebbet zur sanften Welle stiller Seligkeit; und welches ist denn nun von Beiden das Schönere? — So streitet man auch hier. Die Einen lockt das unendliche Gewühl, die reiche Fülle von Herrlichkeit; die Andern die süße Beschränktheit des stillen Thales, zwar eng nur, doch von der Poesie der Natur mit jedem Reiz geschmückt. *Müssen* wir uns denn aber entscheiden? — Soll Prüfung und Wahl den flüchtigen Genuß auch hier uns trüben? — Wir wollen genießen, wie es sich beut, und glücklich sein. Nur daß ein Gott uns das Herz recht lange noch frisch erhalte zum Genuß!

Den Gipfel des Berges nach seiner entgegengesetzten Seite hinab führt ein breiter Rasenweg, von welchem rechts in das niedrige Gebüsch hinein sehr bald ein schmaler Fußpfad den steilen Abhang hinunter läuft. Hierher gehen wir, und gelangen auf dem unteren südlichen Kamme des Berges in eine Fahrstraße, die sich ziemlich eben an uns vorüberzieht. Wir wenden uns rechts, wieder auf den Aschenberg zu (links geht sie nach Tabarz). Bei einiger Achtsamkeit bemerken wir nach wenigen Minuten aufs Neue einen Fußsteig, welcher links in das außerordentlich dichte Tannengehölz eindringt, dort nach kurzer Zeit eine unbedeutende Waldstraße durchschneidet, und, wenn wir ihn noch einige Minuten fortgesetzt, uns über Steinplatten und Gerülle auf ein schmales Felsenplateau hinausführt.

Unter und neben uns gähnt ein steiler Abgrund herauf; über uns ragt in breiter Ausdehnung eine mächtige senkrechte Felsenwand empor. Der beschränkte Raum verstattet nur wenigen Personen das gleichzeitige Verweilen an diesem Orte. Es ist

der Kickelhahnsprung,

ein höchst imposanter Felsenkamm, der am östlichen Abhange des Aschenberges mit seinen Wänden und Klippen tief in den Ungeheuren Grund hinuntersteigt, in seiner Mitte unterbrochen von dem kleinen Vorsprunge, auf welchem wir uns befinden. Eine tiefe schauerliche Waldeinsamkeit liegt über der gefahrvollen versteckten Stelle ausgebreitet. Dicht vor uns die jenseitigen Wände des Ungeheuren Grundes, die Abhänge des Simmetberges, die in gleicher Schroffheit in das enge Thal hinunterfallen. An ihren Gipfeln, durch die Bäume ragend, graue gewaltige Felsgruppen; über ihnen — der einzige Lichtpunkt in der grausen Wildniß — der freundliche Waldplatz der Tanzbuche. Zu unsern Füßen der mächtige Abgrund, aus welchem die Spitzen riesiger Tannen sich uns entgegenstrecken, und von wo nur das einförmige Rauschen des Badewassers zu uns herauftönt. In so schauerlicher Tiefe, Enge und Wildheit trägt das Thal mit Recht den Namen des Ungeheuren Grundes.

Um dem Schwindel zu entgehen, enteilen wir nach kurzem Aufenthalte dem gefährlichen Platze. Eine Steintreppe führt uns auf einen andern tiefer liegenden Vorsprung des Felsengebildes hinab. Von dort bringt ein Fußpfad, der, hart am Abgrunde, dasselbe nach rechts hin umschlingt, uns bald auf eine freie Waldstelle. Es ist die Hochwiese, durch welche der Aschenberg, der Bärenbruch und der Tenneberg mit einander verbunden sind. Ein Wegweiser inmitten derselben zeigt uns einen bequemen Parkweg in den Lauchagrund hinunter. Wir folgen seiner Führung, und bald betreten wir an schon bekannten Stellen den Fußsteig, der uns vom Inselsberge hierher gebracht. Zum zweiten Male, jetzt freilich sehr ermüdet, klimmen wir die steile Anhöhe hinauf.

Auf dem Gipfel des Bergfürsten angelangt, finden wir die Sonne schon weit nach Westen vorgerückt. Wir genießen in ihrem herrlichsten Lichte die unermeßliche Aussicht von Neuem und schöner. Ringsum trägt sie uns nun befreundete Punkte entgegen. Doch allmälig zieht ein leiser Nebelflor sich um das weite Panorama; die Wolkenbilder färben sich mit feurigerem Glanze; ein tiefdunkler Rosenduft legt im Westen sich um die Berghäupter; er wird zu einer goldigen Fluth, die mit stolzen Wogen die mächtigen Dome reich überwallt. Die Königin des Tages naht dem tiefsten Horizonte. Breit lagert sich ihre goldglühende Kugel bald auf der fernsten Berge Gipfel; leise sinkt sie hinter dieselben hinab, hoch oben überbreitet von dem prächtigen Königsmantel zauberisch gefärbter Wolken, den — ein glühendes Gemisch von Gold und Purpur, Strahlen und Licht — nur eines Gottes Allmacht zu weben verstanden!

Das Wort verstummt bei der Schilderung solcher Majestät. Wonne und Wehmuth folgen der Scheidenden nach, und mit des Busens tiefster Sehnsucht stammeln wir:

Ach, daß kein Flügel uns vom Boden hebt,
Ihr nach und immer nach zu streben!

Doch allmälig verglühen die prächtigen Farben; das Gold verbleicht, das Roth wird blässer, und bald deutet nur noch ein lichterer Schein leise die Stelle an, wo kurz zuvor noch solche Herrlichkeit sich entfaltet! —

Der Abendstern grüßt freundlich zu uns herab; schnell gesellt sich hier und dort ein anderer Stern ihm zu; immer emsiger stickt die Nacht ihr Feiergewand; und kurze Minuten noch, so ist sie über uns ausgebreitet die mächtige tiefblaue Wölbung, von glühenden Welten durchwebt, die majestätisch und leise ihre ewigen Bahnen dahinziehen! —

Und unter uns ist grausiges Dunkel! —

Er ist selten, ein solcher Sonnenuntergang, und viele Pilger, welche den herrlichen Berg besteigen, um sich an ihm zu weiden, und dort alsdann den Wiederaufgang des holden Gestirns zu begrüßen, setzen in ein Glücksspiel, aus welchem sie eine Niete ziehen. Wer das heilige Schauspiel aber auch nur einmal erschaut, dem füllt es auf immer die Seele mit zauberischster Erinnerung erhabenster Augenblicke.

Siebenter Reisetag.

Liebenstein, Altenstein.

Die Sonne kommt! so ruft es, an unsere Thür pochend. Schnell springen wir auf, werfen uns in die Kleider, und eilen, — des hier seltenen Glückes, ein Zimmer an der Vorderfronte des Hauses zu erhalten, nicht theilhaft geworden — in den untern Versammlungssaal.

Dämmerung liegt auf der weiten Gegend umher; die Berge unter uns in tieferem Dunkel; die Klüfte noch schauriger; die Felsen im Felsenthale wie graue Gespenster empordrohend; — ein unheimlicher Anblick! — Weiterhin auf den Flächen ein zweifelhaftes Licht. Die gewaltigen Berge am fernen Horizont zu niedrigen Kämmen herabgedrückt. Nur aus den Thälern keck heraufblitzend ein Gewimmel von spiegelnden Teichen und Flüßchen, die wir am Tage zuvor übersehen haben. Sie sind die freundlichen Augen der Landschaft, die uns den Morgengruß zuwinken, und darum so hell, weil der klare Himmelsdom, schon überstrahlt von dem uns noch verborgenen Lichte des Tagesgestirns, aus ihnen sein Bild zurückwirft: — ein scharfer Kontrast mit der Dämmerung rings umher.

Da erwacht tief im Osten, unten, wo Himmel und Erde die Hand sich reichen, ein rosiges Schimmern; es flammt feuriger auf, und wächst zu goldiger Gluth; glänzendere Farben steigen beflügelt am Himmel empor; mächtige Strahlen voll glühenden Lichts, wie aus verborgenen Vulkanen, durchschießen erhellend das weite Gewölbe; die Wolkengebilde, im duftig verklärten Blau gleich Schneegebirgen übereinandergethürmt — erst rosenbekränzt — umsäumen sich mit goldenem Bande. — Bang erwartend pocht das Herz lauter; jedes Antlitz schaut gespannter in das leuchtende Gluthmeer. — Da blitzt ein mächtiges Feuerauge am Erdrand auf. Jauchzend wird es begrüßt. Mächtiger, glühender dringt es herauf — ein majestätischer Ball von Flammen und Licht; und empor schwebt die Königin des Tages, um der Welt aufs Neue Lust und Segen zu spenden!

Die Gegend ändert sich wie mit einem Zauberschlage. Die Teiche verlöschen in dem allmachtsvollen Lichtstrahle. Mit reißender Schnelle überfliegt er die weite Schöpfung, und schmiegt sich um Hügel und Thal. In Millionen von Thautropfen an Bäumen und Gräsern versenkt er sich, und schenkt ihnen sein Bild, das sie glänzend zurückwerfen. Tausendstimmiger Vögelchor erwacht in Wald und Flur. Und wir —? geblendet wenden wir das verwundete Auge von der Strahlenkrone der Gottesschöpfung. Wir ertragen den Glanz nicht! — O, du armes menschliches Auge, daß du doch immer nur geblendet sein mußt, wenn das Göttlichgroße in seiner Majestät vor dich hintritt, daß du vor ihrem Glanze dich doch schließen mußt in deiner Ohnmacht! — „Wir flehen erathmend es zu schauen, und dann — ertragen wir es nicht!" — Doch fort, ihr trüben Bilder menschlicher Schwäche! Der Augenblick ist zu wonnig, als daß ihr haften, und einen dauernden Mißton in die entzückte Seele werfen solltet. Ins heitre Leben ruft der erwachte Tag.

Noch halb umdüstert vom Glanzschleier des holden Gestirns, aber mit trunkener Seele, werfen wir einen kurzen Scheideblick auf die jugendliche Flur. Im Morgenglanze begrüßen die lieben Höhen uns fröhlich wieder; im Thale beginnt der Heerden freundliches Geläute; von nahen Dörfern tönen die Morgenglocken selig zu uns empor! Bei ihrem Grüßen scheiden wir von dem herrlichen Berge und ziehen weiter.

Der Hessische Flecken Brotterode, den wir am südlichen Fuße des Inselsberges im Thale sich hinziehen sehen, ist heute unser erstes Ziel. Zwei Wege führen zu demselben: der eine den südlichen Abhang hinab; der andere auf dem Parkwege nach dem Felsenthale*) bis zur Chaussee, und dann auf dieser nach rechts hin weiter. Wir wählen den letzteren, da der erstere**) in seinem großen Theile durch Wald geht, und dem Auge, das sich an den schönen Landschaftsbildern rund umher erfreuen will, gar wenig bietet. Auf der Chaussee indessen öffnen sich zu unserer Seite die herrlichsten Blicke bald in die Thäler, an denen sie vorüberläuft, bald in die hohen Bergwände, welche sie durchdringt, und wenn ihr Weg auch etwas weiter ist, so entschädigt sie dagegen durch mannigfachen Genuß. Bald, nachdem wir sie betreten, überschreitet sie den Rennsteig, der rechts von uns am Inselsbergsteine einen 600 Fuß hohen Abhang schroff hinunterfällt, und nach links zu über den großen Wagenberg seine Straße weiter zieht. Unfern von hier, zwischen dem Inselsberge und dem Trockenberge, trifft sie auf den Inselsberg-Graben, ein unbedeutendes Bächlein, an dessen rechtem Ufer sie

---

*) Vergl. S. 83 Zeile 8 von unten.

**) Der Weg nach Brotterode am südlichen Abhange des Inselsberges hinunter ist in seinem Beginne mit dem Rennsteig vereint, den wir in der Richtung nach Ruhla zurück (südwestlich) bis zu einer Wegetheilung an einem Gränzsteine verfolgen. Hier gehen wir links ab und im Walde weiter. In letzterem finden wir zwei andere Wegetheilungen. Bei der ersten wenden wir uns abermals links, bei der zweiten rechts. — Aus dem Walde getreten, eröffnet sich bald zu unserer Seite ein Fußweg, der gerade auf Brotterode zuführt. —

nun im Thalgrunde zwischen dem Käs- und Hährberg, und über diesen hinaus durch die Fläche bis

Brotterode

läuft, das wir nach 1½ Stunden erreichen.

Die Lage dieses Fleckens ist außerordentlich schön. Ringsum von hohen Bergen umgeben, unter denen im Norden der Inselsberg sein mächtiges Haupt erhebt, und im Süden der gewaltige Seimberg mit den Felsblöcken „der Mummensteine" sich emporgipfelt, ruht er inmitten eines düster großartigen Thalkessels im Grunde des Inselsberg-Grabens, an welchem sich seine wohlbehäbigen Häuser in fast halbstündiger Ausdehnung, oft ziemlich steil, hinabziehen. Auf kleiner Anhöhe über ihm, blickt die freundliche Kirche sinnig nieder. Mit regem Interesse betrachten wir seine Bewohner*); der Sage nach sind sie den Ruhlaern stammverwandt, was Mundart und Tracht noch jetzt bekunden soll. Sie zeichnen sich durch Betriebsamkeit und Kühnheit aus. Ihre Gewerbthätigkeit (Tabacksspinnerei, Messing-, Eisen-, Stahl- und Holzwaaren) ist nicht unbedeutend. Leider ist der Ort vor Kurzem zum Gegenstande der Furcht geworden. Von jeher (ob mit Recht oder Unrecht, das kann ein Durchreisender schwer beurtheilen) in dem Rufe stehend, als ob die Kühnheit der Einwohner leicht in Zanksucht und Händelmacherei ausarte, hatte Einer von ihnen Verbrechen verübt, durch welche die Gegend umher unsicher gemacht wurde. In lebenswieriger Haft ist er jetzt aber für den einsamen Wanderer unschädlich geworden. Auch historisch ist Brotterode nicht uninteressant. Im Jahre 1806 machten die Brotteröder bei Schmalkalden einen

---

*) Brotterode enthält in ungefähr 300 Häusern gegen 2800 Einwohner; es liegt gegen 1800 Fuß über dem Meere.

Ueberfall auf die Franzosen und erbeuteten 18 Kanonen. Schwer dafür gezüchtigt, rächten sie sich 1813 durch blutige Empörung gegen die Feinde, die damals noch ringsum das Land beherrschten.

Unser Weg bleibt von hier ab immer die Chaussee, welche uns nun zunächst in das Drusenthal bringt. Von Brotterode aus, den Inselsberg-Graben um den Fuß des Seimberges noch ferner begleitend, betritt sie, nach der baldigen Vereinigung des Flüßchens mit dem Beerbach, zwischen diesem Berge (links) und dem Häslesberge (rechts), ein engeres Thal, in dessen Schooße sie wieder von den süßesten Reizen der Natur umblüht wird. — Der köstliche Grund wird an seinem Eingange (unfern des Fleckens) von den stattlichen Gebäuden eines Zainhammers bewacht. Der Bach, über Steinblöcke schäumend, braust mit beschleunigterem Laufe in seinem Felsbette. An den Ufern, in anmuthsvollen Windungen hin und her, dehnen sich blumige Wiesen aus. Bald steigen sie an den Bergen empor, wo frisches Buchengehölz sie umsäumt, bald steigt der Wald in ihre Mitte nieder, und bildet dort herrliche Gruppen. Und von den schroffen Wänden schauen von Zeit zu Zeit die grauen Felsen*) gar ernst hinein. Doch allmälig wird das Thal enger und düsterer. Ein Wässerchen, das nach ungefähr 1 Stunde aus dem Nebenthale zur Rechten herabströmt, und dem Inselsberg-Graben von hier ab seinen Namen — die Lautenbach — giebt, macht gewissermaßen die Scheidegränze in dem Charakter. Es wird zu einem ganz anderen Thale, welches man

---

*) Auf dem Seimberg stehen die schon oben genannten Mummensteine. Ihnen schräg über auf dem Häslesberge ein Felsenobelisk, der Hauptstein.

das Drusenthal *)
zu nennen pflegt, und dem an Großartigkeit und Reichthum seiner Felspartien kein zweites Thal des Waldes sich gleichstellen kann.

Zu seiner Rechten eine hohe zertrümmerte Granitmauer, in durcheinander gewälzte gewaltige Kolosse zersplittert. Ihr nahe gegenüber — weniger mächtig, doch in mannigfacherer Gestalt — gesonderte Felsengruppen. Dazwischen der Bach über Steinblöcke fortbrausend. Mit stummer Bewunderung sehen wir die machtvollen Felsentrümmer bald senkrecht sich erheben, bald über uns ragen, bald umher geschleudert am Boden liegen. Wäre das liebliche Grün nicht, das reichbedeckend Spalten und Klüfte durchdringt: es wäre ein grausiger Anblick, die vollständige Grabesruhe einer vernichteten Welt. Doch so schafft die sorgende Mutter Natur selbst auf ödester Stätte noch Blumen. Ein Windhauch weht nur ein Körnchen Erde hinauf, und schnell sproßt und keimt ein jugendlich frisches Leben aufs Neue hervor.

Es war ein schwieriges Werk, die starren Felsen zu zwingen, daß sie der Chaussee einen Weg auch durch dieses enge Thal vergönnten. Dennoch wissen wir nicht, ob wir dem Baumeister danken sollen. Uns scheint der Einklang gestört, der sonst in dem schaurigen Thale geherrscht hatte. Das glatte wohlgepflegte Stückchen Landes stimmt wenig zu den wilden kolossalen Massen, die regellos umherlagern. Das gelbe Band der civilisirten Straße schlägt den phantastischen Traum, der hier in uns er-

---

*) Das Thal vom Einflusse des Lautenbach in den Inselsberg-Graben bis nach Herges heißt eigentlich das Lautenbachthal; gewöhnlich aber nennt man es das Drusenthal, wenngleich dieses erst unterhalb des Dorfes Herges beginnt.

wachen will, in allzu prosaische Fesseln. Wie anders, wie ergreifender würde der Eindruck sein, wenn die umhergeschleuderten Felstrümmer keinen Pfad böten, als den sich der Wanderer gefahrvoll selbst suchte; vollendete Wildniß würde ihn umgeben.

Die Felsenwände sind in einer halben Stunde durcheilt, und an ihrem Ende erblicken wir schon die ersten Häuser der Hessischen Dörfer Herges (rechts) und Au-Wallenburg (links), die, durch den Bach geschieden, bis in das Drusenthal uns entgegentreten.*) Ueber letzterem Dorfe schaut ein stolzer Ruinen-Thurm weit in das Land hinaus. Es sind die Trümmer der alten Wallenburg, die fernhin die Gegend beherrschen. In Herges scheiden wir von dem romantischen Thale. Im untern Theile des Dorfes geht die Chaussee, mit einer andern sich kreuzend, rechts ab, in zurücklaufender Richtung, nach Liebenstein, das von hier noch anderthalb Stunden entfernt ist. Unweit des Dorfes auf einer Anhöhe mit herrlicher Rundschau die Thäler entlang und zu den grünbewaldeten Bergen hinüber streicht sie noch an dem Zechenhause des Eisenbergwerks

Mommel

vorbei, welches mit seinen ergiebigen Schächten zu unserer Rechten hart am Wege liegt. 60 bis 70 Bergleute fördern dort jährlich gegen 7000 Tonnen Brauneisenstein und Spatheisen-

*) Herges hat in 80 Häusern gegen 500, Au-Wallenburg in eben so viel Gehöften gegen 400 Einwohner, welche fast insgesammt Bergleute sind, und ihr Brod theils auf dem Eisenbergwerke Mommel, theils in den nahen Schwerspathgruben finden. — Die Lautenbach nimmt unterhalb dieser Dörfer am Ausgange des Thales den Namen Drusenbach an, und fließt nun durch breitere Wiesengründe bis in die Werra.

stein zu Tage. Schwerspathblöcke liegen auf den Feldern umher, mit anderen Gesteinen gemischt, und erinnern uns, daß wir hier in die geognostisch merkwürdigsten Gefilde des nordwestlichen Thüringer Waldes eingetreten sind, wo die mannigfachen Gebirgsarten und Erze desselben in naher Schichtung bei einander liegen und dem Mineralogen die reichste Ausbeute gewähren. *)

Ueber sanftere Hügel — die nach dem Werrathale zu sich abdachenden Vorberge des Waldes — zieht es sich fort. Bald blickt zu unserer Rechten die stolze Ruine der Burg Liebenstein von ihrem waldigen Gipfel uns entgegen. Reizende Blicke ins Werrathal öffnen sich. Am Eingange des paradiesischen Thüringer-Thals, das sich am Fuße des Ruinenberges zum Hochgebirge hinaufschlingt und herrliche Partien bietet, eilen wir vorüber. Eine kleine, von Büschen umkränzte Bergschlucht geht es hinunter, und jubelnd begrüßen wir die ersten Häuser des freundlichen Liebenstein.

Die Gefilde zwischen dem Rhöngebirge und dem Thüringer Walde, welche die Werra schon mit reichlicheren Fluthen durchströmt, sind von entzückender Schönheit, und stellen sich vollberechtigt dem Herrlichsten zur Seite, was das deutsche Vaterland an lieblicher Naturpracht nur zu bieten vermag. — Ein meilenweit offenes Thal voll lachender Fruchtgefilde, grüner Wiesen, traulicher Haine, und sanft gewölbter Hügel; dazwischen freundliche Städte und Dörfer umhergeschüttet; im Grunde vom Silberspiegel des Flusses durchblitzt; fernhin bekränzt — dort von der

*) Vergl. den vierten Reisetag; die dort genannten Gebirgsarten und Mineralien mit Ausschluß der Mangane finden sich insgesammt in der Gegend um Liebenstein vor.

blauen gewaltigen Kette der Rhön und ihren hochragenden Domen, — hier von den freundlich grünlaubigen Gebirgen des Waldes, die mit ihren Grotten und Felsen, mit ihren Buchen und Tannen bis tief in die weite Fläche niedersteigen. Und mitten im Schooße dieses Thales, noch umschlungen von des Waldgebirges kosenden Armen, und zu zärtlicher Pflege an seine Brust gezogen:

Liebenstein und **Altenstein,**

die beide immer nur Ein Gedanke denkt, zwei eng verbundene Perlen in Einer smaragdenen Fassung! — Nichts fehlt dem holden Geschwisterpaar, was Menschen entzücken, erheben und rühren kann. — Laubige Berge, ahnungsreiche Thäler, saftiggrüne Matten, stolze Felsen, dunkele Höhlen, sprudelnde Quellen, reizend belebte Fernsichten: wo möchten sie dem Auge sich schöner bieten als hier? — Ein ewig wechselnder Blick, bald in die Zauber der traulichen Nähe, bald hin ins sehnsuchterweckende Weite; ein nirgend gestörtes Behagen, das Ruhe und Seligkeit in die Brust weht! — O, laßt es nur hinausschweifen das Auge von Altensteins kühner Felsenburg zu den duftigen Wolkenzügen der Rhön, weit über die lachenden Ebenen hinweg; senkt es nur nieder von Liebensteins ernster Ruine ins schattige Thal, das sanft zu Euren Füßen ruht: Ihr sagt Euch dann, was Eure Brust so selig bewegt!

Von den Vorbergen des Waldes steigt mit sanftem Gehänge Einer ins Thal der Werra hinab. Buchen bedecken seinen anmuthig gewölbten Gipfel, und umkleiden ihn bis zur Ebene nieder. Ein vielkantiger, zertrümmerter Thurm, aus klaffenden Spalten und öden Fensterhöhlen von Gebüsch umrankt, schmückt malerisch sein Haupt. Hinter ihm ragen die Berge des Waldes, ein mächtiges Halbrund; terrassenförmig höher und höher sich thürmend. Zur Seite schlingen sich dunkel umhüllte Thäler, von Quellen durchrauscht, in's Hochgebirge hinauf. Vor ihm breitet sich die Fläche aus, die saaten-, wiesen- und dörferbedeckt erst fern an den Wänden der Rhön endet. Um seinen Fuß aber schmiegt sich, von Büschen und Matten umhegt, hier halb in Schluchten versteckt, dort den Abhang umkränzend und in die Ebene gedehnt, ein gar freundliches Oertchen, — halb Dorf, halb-Stadt, — theils ländlich einfache Hütten, theils stolze Paläste, — die einen in regellos buntem Gewirr am Ufer des Baches, die andren in prächtiger Reihe an der blumenumgürteten Kunststraße. Es ist Liebenstein und sein Bad.

Und drüben, jenem benachbart, senkt sich ein anderer Vorberg ins Thal der Werra. Ein freundlicher Wiesenplan, der in den nahen Waldhügeln sich bald zu einer tiefumschatteten Schlucht verengt, trennt ihn von Liebensteins Berghöhe. Auch er ist eine letzte Bastei des Waldgebirges, nur enger und fester an die majestätischen Bergkoppen gefügt. Kein sanfter, buchenumkränzter Abhang neigt sich von seinem Gipfel nieder. Mächtige Felsgebilde, einem schroffen steinernen Gürtel gleich, umstarren ihn wie Riesensäulen, und strecken ihre senkrechten gewaltigen Wände von seinem Haupte bis zum Fuße hinab, erst unten im Thale ihre Wurzeln schlagend, und des Wanderers spottend, der sie erklimmen will. Doch oben zwischen den Felsen da grünt und blüht ein fröhliches Leben. Ein herrlich romantischer Park zieht zwischen ihrem Kranze die sanften Wellen des Gipfels entlang und über die Nachbarhügel und Thäler hinaus. Riesige Bäume, zierliche Büsche, sammetne Matten, duftende Blumen und sprudelnde Fontainen durchmischen sich in seliger Poesie. Wohlgepflegte Pfade umschlingen sinnig geordnete Ruheplätzchen

— an Grotten und Tempeln vorüber, die, ein köstlicher Schmuck, durch Baumdunkel und Felsblöcke schauen, — und rings zu den Abgründen hinan, von deren Rande der Blick trunken in die Ferne schweift. Und mitten in dem bunten Gewühl, von steiler, felsiger Terrasse freundlich ins Thal niederwinkend: ein einfaches fürstliches Haus, blumen- und pflanzenumrankt bis zum Dach empor, an altehrwürdige Trümmer grauer Vorzeit gelehnt, und im weiten Halbrunde von stolzen Linden und Buchen umragt. So fügt Altenstein sich in das holde Gemälde ein, und beide ergänzen sich einander in zauberischer Harmonie zu Einer vollendeten Schönheit.

Den sanften Abhang hinab betreten wir die Dorfstraße von

Liebenstein,

und gelangen bald an das frühere Kurhaus, wo wir auf einer von mächtigen Linden und Kastanien überwölbten Terrasse ein anmuthiges Ruheplätzchen finden.

Liebenstein gehört zu den besuchtesten Bädern des Thüringer Waldes. Seine Hauptquelle, ein reich eisenhaltiger Säuerling, in ihrer Bedeutsamkeit schon zu Anfange des siebzehnten Jahrhunderts erkannt, später aber wieder vernachlässigt, ist, seit Herzog Ernst I von Gotha ihr um das Jahr 1670 von Neuem einige Aufmerksamkeit geschenkt hatte, in immer steigende Aufnahme gekommen. Die Familie von Fischern, spätere Besitzerin des Ortes, hat durch zweckmäßige Einrichtungen viel hierzu beigetragen. Mehr noch Herzog Georg von Meiningen, in dessen Hände das Bad im Jahre 1800 überging. Ihm verdanken die stattlichen Gebäude des Badeortes und die herrlichen Anlagen umher ihre erste Entstehung. Die Quelle befindet sich in einem kleinen Säulen-Tempel dem Kurhause gegenüber auf einem freien Gartenplatze. Neben ihr, in einem offenen Bassin, sprudelt eine zweite —

neuere Quelle, gleichfalls ein Säuerling, nur von größerem Schwefelgehalt. Sie scheint der früheren ihre Kraft entzogen zu haben und wird jetzt vorzugsweise benutzt, zum Trinken sowohl als zum Baden. Außer dem Mineralbade ist eine Kaltwasserheilanstalt im Jahre 1839 vom Dr. Martiny, dem früheren Badearzte zu Elgersburg, hier eingerichtet worden; dieselbe hat jedoch den gleichartigen Anstalten zu Elgersburg und Ilmenau bisher wenig Eintrag zu thun vermocht. Auch Soolbäder werden hier verabreicht.

Die Gebäude des Badeortes sind geschmackvoll, zum Theil großartig. Sie dehnen sich, zumeist an der nördlichen Seite der Chaussee, in stattlicher Reihe aus; einzelne laufen auch den Abhang des Burgberges hinauf. —

An der Chaussee: das Kurhaus mit der Terrasse; hinter ihm auf der Anhöhe der neue Kursaal; weiter links das Gebäude der Kaltwasserheilanstalt; daneben das neue Kurhaus, ein palastähnlicher stolzer Bau, drei Stockwerk hoch, mit korinthischer Pilasterfaçade, und das herzogliche Palais, mit Kuppel und Säulenportal. — Mehr in den Burgberg hinein: einige höchst geschmackvolle Schweizerhäuser, Privatpersonen gehörig. — Dem alten Kurhause gegenüber, auf der südlichen Seite der Chaussee: der Tempel der Trinkquelle, das Schauspielhaus mit den Marmorbädern im Souterrain, und ein langes freundliches Fremdenhaus.

Das Dorf Liebenstein selbst, östlich vom Bade, ist nur unbedeutend, und bildet erst mit dem westlich nahe gelegenen Dorfe Grumbach eine Gemeinde. Beide Orte werden durch die Badeanlagen und die Chaussee mit einander verbunden, sie gehören dem Herzoge von Meiningen, und haben in ungefähr 100 Häusern etwa 800 Einwohner.

Das Badeleben könnte hier entzückend sein, da Natur und Kunst sich überboten haben, ein reizendes Paradies rings umher zu schaffen. Gleichwohl fanden wir es in andern Thüringer Bädern behaglicher. Die eleganten Toiletten auf den Promenaden verkünden schon den Zwang zum Luxus, dem Todfeinde geselliger Anmuth in ländlicher Natur. Wohl vergönnen wir auch der Kleiderpracht ihr Recht, nur bleibe sie in ihren Salons und Theatern, wo die kalten Wände durch sie erst eine anmuthige Füllung erhalten. Das freundliche Landleben suche sie nicht auf, dort stört sie den reinen Genuß, und, sich selber zur Last, reizt sie zur Spottsucht an. Doch es giebt Menschen genug, die eine herrliche Natur nur genießen zu können glauben, wenn sie selber im Prunkgewande sich zeigen. Wehe, wenn solche mit ihrer städtischen Blasirtheit ein Bad beherrschen: mit dem wahren Behagen ist's dann zu Ende! — Die Kosten des Aufenthalts sind in Liebenstein bedeutender, als anderswo in Thüringen. Die größere Frequenz erklärt dies, zumal die Gäste fast sämmtlich in Badegebäuden wohnen müssen, und Privatquartiere, in welchen man eigene Wirthschaft treibt, sehr selten vorhanden und nicht zu empfehlen sind. Ungerechtfertigt in dem üppigen Lande ist dagegen der hohe Preis der im Uebrigen guten table d'hôte, welcher sich dem in den Hauptstädten ziemlich gleichstellt. Auch schien uns ein gewisser Mangel an Heiterkeit auf der Tischgesellschaft zu ruhen, was uns bald hinaus ins Freie trieb.

Hier betreten wir zuerst (links vom Kurhause) den Erdfall, eine düstere, von mächtigen Bäumen überschattete Felsengrotte, welche, an drei Seiten von hohen Kalksteinwänden umgeben, am Fuße des Burgberges liegt; ein anziehendes Plätzchen bei der Hitze des Mittags, und in seiner Kühle an heißen Tagen oft als Speisesaal benutzt. Eine Quelle brodelt im Hintergrunde aus dem Felsen hervor. Hoch über derselben, von den Buchen des Berges überwölbt, öffnet eine Höhle ihre malerische Kluft. Aus dem Zusammensturze des im Innern von Schluchten durchwühlten Dolomitfelsens entstanden, soll übrigens diese Grotte in neuerer Zeit ein gefährlicherer Aufenthalt geworden sein, und erst noch vor Kurzem ist ein mächtiger Felsblock von ihrem Gipfel herabgestürzt.

Ein breiter Kiesweg zwischen derselben und dem Kurhause den Burgberg hinan, und dort in mannigfachen Windungen durch den Buchenwald, geleitet uns in einer starken Viertelstunde zur **Burgruine.** An der Seite des Weges öffnen sich von Zeit zu Zeit kostbare Aussichten ins Werrathal, das sich immer mit neuen köstlichen Landschaften unter uns ausbreitet. Am Fuße der Ruine, am Saume des waldigen Abhangs, zieht eine riesige Buche mit weithingedehnten Zweigen unsere Aufmerksamkeit auf sich.

Auf felsigem Kamme liegt der stolze Thurmbau ernst und majestätisch vor uns, ein Zeuge vergangener Kraft. Durch die zahlreichen Fenster, welche seine Wände nach allen Gegenden hin öffnen, blickt das Blau des Himmels nieder, und Kraut und Gebüsch umschlingt die steinernen Pfosten. In der lebensfrischen Natur, die ringsum ewig neu schafft, ruft er uns das Wort „Vergänglichkeit!“ zu, und ein ahnungsvoller Schauer durchkältet uns. Es muß ein gar herrliches Gebäude gewesen sein, das einstmals hier gethront hat. Nur sein Mittelbau scheint noch vor uns zu liegen. Ein umfangreiches, ringsum geschlossenes achteckiges Doppelgemäuer, mit breiteren und schmäleren Außenwänden wechselnd; in der Mitte einen offenen Raum, wahrscheinlich einen Binnenhof enthaltend; und bei seiner Höhe einem kolossalen Thurme vergleichbar. Um dasselbe her muß sich dereinst ein geräumiger Mauerkranz mit Thürmen und Basteien gezogen haben. Verschiedene Trümmer auf Felsklippen tragen noch Spuren davon. Eine Brücke mit hohen Bogen führt von dieser Umwallung über Felsenklüfte in das Innere, wozu ein niedriges enges Thor uns den gefahrlosen Eingang verstattet. Was hier einst Zimmer und Hallen gewesen, das liegt, jetzt mit Erde und Rasen bekleidet, verwüstet übereinander, und wo Fröhlichkeit und Leben gewaltet, schwirrt, vom Fuße des Wanderers aufgeschreckt, nur scheues Waldgeflügel umher.

Die Burg Liebenstein wurde noch vor dem 12ten Jahrhunderte erbaut, und gehörte von ihrem ersten Bekanntwerden ab bis zum Ende des siebzehnten Jahrhunderts der Familie von Stein, welche dieselbe als Lehen der Thüringischen Landgrafen und späterhin der Herzöge und der Kurfürsten von Sachsen besaß. Zum Unterschiede von Altenstein wurde sie bisweilen auch der Neuestein genannt. Im Jahre 1567 war ihr Besitzer mit in die Grumbachischen Händel verwickelt. Nach der Gefangennehmung des Herzogs Johann Friedrich zu Gotha und der Schleifung des Grimmensteins wurde sie deshalb von der Reichsexecutionsarmee gleichfalls belagert und erobert. Späterhin verfiel sie mehr und mehr, und kam gegen das Ende des 17ten Jahrhunderts beim Aussterben der Linie der Besitzer als offenes Lehn an Ernst I von Gotha. Von hier ab liegt sie als Ruine und ging jedesmal in den Besitz der schon genannten Eigenthümer des Bades mit über.

Die Aussicht, welche sich aus den Fenstern der Burg bietet, zu denen man größten Theils noch gelangen kann, ist außerordentlich schön, und stellt sich um so pittoresker dar, als sich in dem Rahmen eines jeden Fensters nach allen Weltgegenden hin nie anderes abgeschlossenes Bild zeigt. Nach Süden die Gegend vor Meiningen mit dem Dolmar und der Geba; gen Westen das Werrathal mit den Dörfern Möhra, Barchfeld, Frauen- und Herrenbreitungen u. s. w., umkränzt von der naheliegenden majestätischen Bleßkoppe, und der Rhön mit ihren schon oft genannten Bergen; gen Nordwest die stolze Felsenburg Altensteins, daneben rechts, in tiefer Thalschlucht ganz reizend gelegen, der Meiningensche Flecken Steinbach. Gen Norden und Osten das weite Halbrund der immer höher sich aufthürmenden Berge des Thüringer Waldes, die sich nach uns zu bis zum Fuße des Burgberges herabsenken, und nur durch das Thüringer Thal, das diesen umschlingt, von uns geschieden werden. Um die herrlichen Blicke zu genießen, klettern wir die verschiedenen Stockwerke des Gebäudes gefahrlos hinauf; ein jedes Fenster bietet uns neue Reize.

Dann wandern wir weiter, weil uns noch eine zweite Glanzpartie Liebensteins lockt, das Felsentheater, eine seltsam gebildete Steinkluft am nordöstlichen Abhange des, unter dem Burgberge nach Steinbach zu liegenden Hahnberges.

Wer nicht die Gabe der leichten Orientirung besitzt, der wird am besten thun, auf den Parkwegen dorthin zu gehen, mit denen der Burgberg und der Hahnberg in den lieblichsten Partien umzogen sind. Wegweiser lassen ihn hier nicht fehlen; freilich wird er beinahe eine halbe Stunde brauchen. Wer Fels und Gebüsch nicht scheut, der kann von der Ruine in der Richtung nach Steinbach zu den Berg hinabsteigen, und trifft nach einigen hundert Schritten einen Parkweg, auf welchem er, sich nach rechts wendend, bis an den Fuß des Steingebildes (eine Viertelstunde näher) geht. Der Damen wegen wählen wir einen Mittelweg. An der östlichen Seite der Ruine (links) dehnt sich bis an den Wald ein weites Ackerfeld aus, im Hintergrunde von einer Obstbaumallee in der Richtung von Norden nach Süden durchschnitten. Von dieser, ungefähr in der Mitte, läuft eine zweite über das Feld gerade auf die Ruine her, und endet einige hundert Schritte unter der Brücke, auf welcher wir wieder zum Gebäude hinaustreten. Feld und Alleen können wir von der Burg aus vollkommen übersehen. Wir gehen nun von der Brücke links ab schräg über den Rasen in die nächste Allee, biegen an ihrem jenseitigen Ausgange abermals links in die zweite, und kommen mit derselben sehr bald in den Wald des Hahnberges. Der Fahrweg wird dort zu einem Parkwege, der sich in Kurzem spaltet, und, wenn wir den Fußsteig nach rechts in die dichteren Gebüsche weiter verfolgen, uns nach einigen tausend Schritten an eine Steintreppe bringt, die an der Hinterwand des, im tiefen Walde ruhenden **Felsentheaters** auf dieses hinabführt.

Mehr eine trübe, dem ernsten Nachsinnen geweihte Grotte, als ein dem Namen entsprechender heiterer Musensitz, belohnen doch die großartigen Steingebilde die Mühe des Wanderers in reichem Maße. Ein viereckiges Plateau, in den Gipfel einer schroffen Bergwand eingesenkt, nach dem Thale zu in die Bäume geöffnet, — ungefähr 40 Fuß breit und eben so tief — ist an beiden Seiten mit glatten senkrechten Felsenwänden von fast 20 Fuß Höhe umgeben. Seine Hinterwand, eben so hohe Felsen, verengert sich coulissenförmig in den Berg hinein, und wölbt sich dort allmälig zu einer Höhle hinab, die mehr und mehr sich schließend endlich zu einem Stollen wird, der weit in den Fels hineintreibt. Wo Neben- und Hinterwand gränzen, führen zu beiden Seiten halbgewundene Steintreppen symmetrisch über das Theater empor. Die mächtigen Buchen, welche den Gipfel und Abhang des Berges bedecken, ragen über die Felsenwände herein, und verschließen auch die vordere Seite des Platzes. Ihre

Kronen überwölben das Steingebilde mit dichtem Schatten. Tief in der Einsamkeit ruhend, macht es mit seiner weiten düsteren Perspektive einen schwermüthigen Eindruck. Um so lichtvoller ist von hier der Blick durch eine Oeffnung der Bäume nach dem Flecken Steinbach und auf das sanftverhüllte Wiesenthal zu unsern Füßen.

Unterhalb des Plateaus läuft um die Berglehne herum ein Kiesweg, zu welchem gleichfalls zwei Steintreppen hinabführen. Auf diesem gehen wir (nach links zu) aus dem Walde, und kommen über einen freien Platz sehr bald wieder in das Gehölz des Burgberges, wo wir in Kurzem einen Feldweg (rechts) bemerken, der uns über die Wiesen in der Thalweitung vor Altenstein in ungefähr einer halben Stunde auf die Chaussee bringt, welche Altenstein und Liebenstein verbindet. Die Felsenkolosse, die das Lustschloß umgeben, und die Chaussee, welche die reizende Ebene durcheilt, liegen vor unsern Augen: wir können den Weg nicht verfehlen. In 10 Minuten stehen wir am Fuße der Felsen. Die Chaussee biegt links um sie herum, an einem freundlichen Gasthause (ihnen gegenüber) vorbei, und auf ein schloßähnliches Gebäude zu, das hart an ihrem Fuße aus einem Kranze prächtiger Bäume hervorblickt. Es ist das Gehöft von Glücksbrunn, früher ein reich ergiebiges Kobaltbergwerk, jetzt eine bedeutende Wollenspinnerei-Fabrik. Von mehreren großartigen Fabrikgebäuden umgeben, bildet es bei den Aussichten von Altenstein immer einen der reizendsten Mittelpunkte. Die Chaussee geht rechts an ihm fort, und nunmehr schroff in die Felsen hinauf.

Doch zwischen der Stelle, wo sie emporzusteigen beginnt, und dem darunter liegenden Glücksbrunn regt sich ein fröhliches

Leben. Der schmale Platz, der dort am Fuße der Felswände sich hinschmiegt, wird von einem Kranze riesiger Kastanien umgeben, die mit ihren dichten Wipfeln Nacht darüber hinbreiten. Hier wimmelt und wogt es von vergnüglichen Menschen, die insgesammt auf eine Thüre zudrängen, welche durch die Felswand unterhalb der Chaussee in das Innere des Felsens führt. Wir stehen am Eingange

der Höhle von Altenstein,

einer der großartigsten Naturmerkwürdigkeiten Mitteldeutschlands, welche sich in den Dolomitfelsen unter dem Parke durch diese Pforte öffnet, und heute — am Sonntage — in ihrem Glanzschmucke, der Erleuchtung, prangt.

Aber noch lange währt es, ehe wir mit eintreten können. Der Körper und namentlich die Lungen müssen erst vollständig abgekühlt sein, wenn die Kälte in den unterirdischen Wölbungen nicht die nachtheiligsten Folgen herbeiführen soll. Der schattige Platz am Fuße der gigantischen Felsen beut uns dazu die erquickendste Gelegenheit, und wir betrachten indessen die seltsame Eingangsthüre: ein Drehkreuz von Brettern, welche vier rechte Winkel bilden, in deren einen hineintretend, man schnell in die Höhle befördert wird. Der hierdurch erfolgende rasche Schluß der Oeffnung soll den bedeutenden Zugwind etwas mildern.

Langsam abgekühlt, betreten wir endlich den nächtigen Raum. Heftige Windstöße treiben uns in einem engen Stollen rasch vorwärts. Spärliche Lichter umschimmern uns; das Auge, vom plötzlichen Dunkel geblendet, erkennt sie kaum. Doch allmälig entweicht die Nacht; die Lichter werden häufiger und strahlen reicheren Glanz, und stolzer sehen wir die Felsbogen sich über uns erheben. Sanfte Musik tönt in dem langen Gange, den wir durchwandeln, uns entgegen. Die grotesken Steinblöcke um uns her spiegeln hier und dort die Strahlen glänzend wieder. Da öffnet sich dem erstaunten Blicke eine hochgewölbte Halle. Kühn ragt ihr Dach auf uns hernieder; die langgedehnten Wände fassen die Zahl der Lichter kaum, die blendend auf uns herleuchten. Durch mächtige Säulen erschließen sich Nebenhöhlen; der Lichtglanz wirft die Säulen als kolossale Schatten hinein. Auf hoher Felswand von zierlichem Altane schallt die Musik herab. Geräuschvoll wogt in dem weiten Raume die entzückte Menge; die Einen klimmen zum Altan hinauf, und schauen über das Gitter, wie in ein geöffnetes Grab hinunter; die Andern winden sich um die Säulen, verschwinden, und schweben bald in den Seitenhöhlen, gleich Abgeschiedenen, in Nebelgestalt umher. Auch wir folgen den Wandelnden nach. In einem höheren Saale öffnet sich plötzlich die Erde vor uns, und durch eine enge Kluft erblicken wir tief unten ein zauberisches Bild: — an einem Wasserspiegel ein weißer Marmoraltar, vom buntesten Blumenschmucke sinnig umkränzt; ein kleiner Nachen mit Ruderern streicht an seinem Ufer vorüber. Wir steigen abwärts in die glänzende Halle zurück, und gehen aus ihr in den langen tieferen Wölbungen weiter. In einem unteren Saale zeigt sich das schöne Bild noch einmal. Und immer tiefer senkt sich der Gang hinab; immer entfernter klingen die sanften Töne der Musik; ein dumpfes Rauschen, wie unterirdische Wasserfälle, mischt sich in ihre Weisen. Es ist der Bach, der aus dem Wasserspiegel entfließt, und in versteckter Kluft über Felsen hinwegbraust. — Bald schauen wir rechts von uns ein niedriges Thor; wir treten ein: in einer weitgedehnten Kluft bespült ein fluthendes Bassin die zackigen Wände, und strahlt in seinen bewegten Wellen die

Lichter zurück. Am Ufer jenseits liegt der schöne Altar*), von Blumen umblüht: ein würdiges Denkmal, dem Entdecker der Höhle geweiht. Auch uns führt der Nachen zu ihm heran, und zeigt uns die Wölbung von dort in erweiterten, schöneren Formen. — Doch wir verlassen das Fahrzeug wieder. Zur Rechten der Pforte, die uns an den Wasserspiegel gebracht, steigt breit eine Treppe in vielen Stufen empor. Sie bringt uns aufs Neue in ein höher gelegenes Gemach. Ein kühner Bogengang dehnt sich, glänzend erleuchtet, weit vor uns aus. Schluchten steigen abwärts aus ihm, Seitenhöhlen hinauf. Zur Linken brauset tief unten abermals der Bach. Wir gehen hinab, und sehen, wie er über die Klippen sich wälzt und den Felsen durchbricht, um draußen auch Blumen an seinem Gestade zu netzen. Allein das äußerste Ziel der Höhle ist hier erreicht, und langsam, mit vollständig entschleiertem Blick die unterirdische Pracht bewundernd, wenden wir uns zurück. Hier und dort erlischt bereits ein Licht, und schnell ein anderes. Das Halbdunkel dehnt die Nebenhöhlen und die Schatten ihrer Säulen zu imposanteren aus. Gestalten, die noch die Gänge durchschweben, tauchen Gespenstern gleich ins Dunkel hinein. Endlich schimmert von fernher der Tag, und, entzückt von den Wundern der phantastischen Traumwelt, begrüßen wir draußen wieder die lichtere Decke, die sich aus dem Grün der Bäume und dem Blau des Himmels über uns wölbt.

Die Entdeckung der Höhle, welche auch die Liebensteiner oder Glücksbrunner genannt wird, fällt in das Jahr 1799, und

*) An der Stelle des Blumenaltars war früher eine jetzt schon längst weggebrochene Tempelfaçade mit dorischen Säulen.

ist einem Zufalle zu verdanken.*) Herzog Georg von Meiningen, der zu jener Zeit Altenstein in seine jetzige Gestalt umformte, ließ sie mit großen Kosten gangbar machen, wobei merkwürdige Thierknochen gefunden wurden, die jetzt im Museum zu Meiningen aufbewahrt werden. Ein Theil der Höhle ist erst später aufgefunden worden, mit diesem erstreckt sie sich über 700 Fuß, in den verschiedensten Wendungen, auf- und abwärts, mit Seitenhöhlen und Schluchten, in den Felsen hinein. Man behauptet, daß sie noch viel tiefer in die Berge geführt werden könne. Die Höhe ihres Hauptsaales beträgt über 50 Fuß, die des Orchesters darin gegen 30 Fuß. Ihre Bildung ist nicht stalaktitenartig, wohl aber in kolossaler Felsenblockform; das an den Wänden hier und dort herabsickernde Wasser verleiht diesen einigen Glanz. — Die Höhle kann täglich besucht werden; in den Monaten Juni, Juli und August wird sie aber an den Sonntagen zwischen 10 und 12 Uhr erleuchtet, und durch Musik belebt. Das Entreebillet kostet dann 8½ Sgr. (30 Kreuzer). An anderen Tagen zahlt man nur 2½ Sgr.;

---

*) Auf einer Spazierfahrt, welche die Herzogliche Familie in der Umgegend von Altenstein machte, bemerkte eine Hofdame, ein Fräulein von Türk, einen Knaben, der unablässig Steine in eine kleine Oeffnung wälzte, ohne daß diese sich füllte. Sie machte den Herzog hierauf aufmerksam, und das Kind erzählte, daß es dieses Spiel schon länger treibe, daß die Oeffnung sich aber nicht füllen wolle. Herbeigerufene Chausseearbeiter wurden sofort angewiesen, nach der Ursache der Erscheinung zu forschen, und hierbei wurde die Höhle entdeckt. — Fräulein v. Türk war eine Schwester des als Stifters der Potsdamer Civil-Waisenhäuser berühmten Geh. Raths v. Türk, von dessen Familie mir die interessante Mittheilung gemacht worden ist. —

D. Verf.

eine Beleuchtung ist hierbei zwar auch zu bewerkstelligen, jedoch mit vorher zu accordirenden Kosten verknüpft.

Die Hitze, welche mit furchtbarer Gluth über uns stürzt, und plötzlich den Schweiß aus allen Poren treibt, lehrt uns die eisige Kälte bemessen, welche die Höhle durchweht. Wir bedürfen nach dem heftigen Wechsel vollkommen der Erholung. Dann wandern wir die Chaussee empor, die, überall von mächtigen Baumkronen überschattet, uns um die Basteien der Felsen herum allmälig (in 10 Minuten) nach

Altenstein

hinaufbringt. Schon vom Wege aus haben wir köstliche Blicke in den Park gethan, der sich in mannigfachen Senkungen mit saftigem Grün zwischen den Felshörnern hier und dort zur Chaussee herabneigt. Der Gipfel des Berges zeigt uns die zauberische Pracht in ihrer ganzen Fülle. —

Altenstein, ein Sommerschloß des Herzogs von Sachsen-Meiningen, der zweite fürstliche Landsitz an der südlichen Abdachung des nordwestlichen Thüringer Waldes, am Anfange des Gebirges gelegen, trägt seinen Namen von der alten Burg, welche früher an dieser Stelle stand, und deren Gründung in das Dunkel der Sage fällt. Schon im siebenten Jahrhunderte, unter der Herrschaft der Franken, soll dieselbe vorhanden gewesen, scheint aber damals einfach Stein benannt worden zu sein. Den jetzigen Namen erhielt sie nach der Erbauung Liebensteins. Ihre früheren Besitzer sind unbekannt. Aus den Händen der Familie von Frankenstein, welcher sie bis zum dreizehnten Jahrhunderte gehörte, ging sie auf die Herren von Salza, und von diesen in der Mitte des vierzehnten Jahrhunderts auf den Landgrafen Friedrich den Ernsthaften von Thüringen über, der sie als Lehen abermals Einem aus der Familie von Stein gegeben zu haben scheint. Nach dem Aussterben der Abkömmlinge des Letzteren fiel sie an den Kurfürsten Friedrich den Weisen, und wurde von Neuem im Jahre 1492 als Lehen an die Hunde von Wenkheim ausgethan, welche sie bis zum Erlöschen ihres Namens im Jahre 1722 besaßen. Seit dieser Zeit gehörte sie dem Herzoge von Meiningen. Burkhard Hund von Wenkheim, der zweite Besitzer aus jener Familie, ist als einer der Ritter bekannt, welche den von Worms zurückkehrenden Luther in der Nähe von Altenstein (bei der Luthersbuche) gefangen genommen und auf die Wartburg gebracht haben. Die alte Burg, mehrere Male von Grund aus umgebaut, wurde endlich bei Gelegenheit des Brandes der am Fuße des Berges liegenden Stadt Schweina im Jahre 1733 gänzlich zerstört. In ihre Stelle ist das jetzige Wohngebäude errichtet, und, ursprünglich zu einem Amthause bestimmt, erst später, als Herzog Georg von Meiningen die nächsten Umgebungen zu einem Naturparke umschuf, in ein Sommerschloß verwandelt worden.

Wie in Wilhelmsthal der Fürstensitz ein anspruchsloses Landhaus ist, so liegt auch hier das Schloß nur als ein schlichtes einfaches Gebäude vor uns. Die Schlingpflanzen aber und die Rosenbüsche, die seine Mauern bis zum Dach hinauf bekränzen, und die Laubengänge vom frischesten Grün, die sich an seine Giebelwände lehnen, geben ihm ein unendlich anmuthiges Ansehen. Mit seiner Rückseite dicht am senkrechten Abhange des Felsens gelegen, und vom tiefen Abgrunde nur durch kleine Blumenterrassen geschieden, an welche sich die spärlichen Ueberreste des einstigen Schlosses — ein verwittertes Gemäuer, von Bäumen umgrünt — herandrängen, blickt es mit seiner Hauptfronte in den Park hinein, der sich zu beiden Seiten — rechts in die Felsenhörner, links über andere Hügel und Thäler — weithin ausdehnt. Die Steinkolosse und die riesigen Bäume treten bis nahe heran, und umschließen hier ein umfangreiches reizendes Blumenparterre, das, von einer Fontaine benetzt, sich vor den Fenstern des Schlosses in sanfter Ansteigung hinbreitet. Prächtige Chausseen laufen in Halbkreisen um den wonnigen Platz und trennen ihn von den romantischeren Theilen des Parks. Sie führen zu den jenseits gelegenen Hofgebäuden, die in einfach geschmackvollem Styl in einem Halbzirkel dem Schlosse gegenüberstehen. Unter ihnen befindet sich das Gasthaus, an welchem die Hauptchaussee von Liebenstein nach Ruhla vorübergeht; außerdem enthalten sie ein Gestüt mit trefflichen Pferden. —

Von der Rückseite des Schlosses, besonders von der Blumenterrasse, die auf einem steilen Felskegel ruht, bietet sich die entzückendste Fernsicht. Tief unten im Grunde von Glücksbrunn aus und der benachbarten Stadt, dem freundlichen Schweina, schweift der Blick in immer weiteren Kreisen über das lebendige, reichbewohnte Thal der Werra bis hinauf zur blauen Rhön: — in dem Rahmen des Schlosses und seiner Ruine, und der jenseits liegenden Bäume und Felsen, ein so überraschend herrliches Bild, und in Farben, so duftig und glänzend zugleich getaucht, daß der Wanderer, wenn es sich unerwartet ihm aufschließt, ein seliges Traumbild zu schauen wähnt, und bang befürchtend hinblickt, daß es allzu schnell ihm entschwinden werde. Doch es bleibt, und drückt dem Geiste sich fester ein, denn wenn auch in immer anderer Gestalt, bald enger, bald weiter: von jedem Felsen zeigt es sich auf's Neue; und wohin wir den weiten Park nur durchwandeln, von jeder Klippe, die über den Abgrund sich erhebt, von jeder Anhöhe stellt wieder das schöne Bild sich dar. Gen Süden nur, wo die Felswände nach Liebenstein hinüberragen, reiht ihm ein neuer Blick sich an: nach Osten begränzt von

Thüringens Bergen, im Süden umschlossen von Dolmar und Geba, und unter uns auf die zertrümmerte Burg gerichtet, die von ihrem anmuthigen Hügel ernst und stolz auf die grünenden Thäler niederschaut.

Der Park, mit sinniger Benutzung der Anhöhen, Wiesengründe und Felsen zum harmonisch vollendetsten Werke edeler Gartenkunst geschaffen, bietet zwar nirgends einen Ort, wo man ihn — wie Wilhelmsthal vom Karthäuserberge — in seiner Ganzheit überschauen, und in Einem Bilde dem Geiste einprägen könnte; gleichwohl faßt er in seinem weiten kostbaren Rahmen der zauberischen Stellen so viele, von denen jede freundlich zum Herzen spricht, ja oft zu lautem Entzücken hinreißt. Nahe dem Schlosse auf der Seite der Felsen (rechts) erhebt sich der Bonifaziusfels, eine stolze, baumumschattete Wand, die an ihrer Stirn die metallenen Worte trägt: „Gott, Vaterland, Freiheit, Friede 1814"; an sie gelehnt die Bonifaziuskapelle, wo der Sage nach der glaubenstreue Märtyrer dem Volke dereinst das Christenthum gepredigt haben soll. Von hier auf anmuthigem Parkwege durch Bäume und Felsen, um einen Wildgarten herum, oder auf einem anderen Wege an den Abgründen entlang, bringt es uns zu einer kolossalen Felsenpyramide, die auf ihrem Gipfel einen steinernen Blumenkorb mit stets frischen Blumen trägt: der Blumenkorb genannt. Die steilen Treppen empor beschauen wir den sinnigen Schmuck. Eine Aussicht bietet sich nur auf die Baumwipfel und das Schloß; ein Schwindel treibt uns aber schleunig wieder hinab. Der Fels ist das Denkmal der Mutter des Herzogs Georg, der Herzogin Charlotte Amalie; an seinem Fuße in einer geschmackvoll decorirten Nische steht das Marmorbild der Fürstin. Hinter Büschen und Wiesen ein anderer gewaltiger Felsenthurm, der mit Zacken und Klippen hoch in die Luft und mit steilen Wänden schroff in den Abgrund ragt: der Hohlenstein. Unter ihm eine prächtige Grotte mit kostbarer Aussicht; in ihrem Hintergrunde in Felsenspalten: die Aeolsharfe. Ein Knabe beut uns den Schlüssel dazu; der Wind streicht scharf durch die geöffneten Saiten, doch geben sie schneidende Mißtöne an. Nur die Kunstfertigkeit eines Gefährten schafft uns den Genuß, sie in reinen Accorden zu hören: ein geisterhaftes Säuseln, ein unvergleichlicher Wohlklang! — Zum Gipfel des Steinthurms führen Stufen; droben ruht das chinesische Haus mit entzückendem Rundblick. Weiter den Abgrund entlang häufen sich nun die Felsgebilde, wie Hörner und Säulen den Pfad umstarrend, und schroff in die Tiefe sich senkend. Zwei umschließen in engem Rahmen ein zauberisches Bild: Liebenstein und seine Ruine, dahinter den Dolmar und die Geba: sie heißen das Morgenthor. Unweit von ihnen ein unterirdischer Gang in eine kleine Höhle: die Drachenhöhle. Weiter hinaus an der Gränze des Parks nach Liebenstein zu auf steilstem Felsgipfel, ein Altan mit eiserner Barriere: die Platte. Rückwärts die freie Wiese hinauf: ein Pavillon, die Rotunde. Von dieser führt der Weg nach rechts zum Schlosse zurück. An letzteres zur linken Seite gelehnt ruht die Ritterkapelle, voll alterthümlicher Geräthe, mit einem Stammbuche für Fremde. Der Park dehnt sich von hier aus in sanfteren Formen über die Hügel und Thäler fort. Zwei schroffe Felsen nur, mit köstlichem Blicke in die Weite, durchbrechen seinen anmuthigeren Lauf; eine schwankende Brücke verbindet sie: die Teufelsbrücke genannt. Von ihr führt es in die Tiefe hinunter, wo in einem reizend umschatteten Thalgrunde der Wasserfall rauscht, und die Sennhütte dem Ermüdeten ein trauliches Plätzchen zum Ruhen bietet.

War Wilhelmsthal, sanft umkränzt vom weiten Thalkessel, in seiner holden Waldeinsamkeit ein süßes Idyll, das nur den einen Gedanken: seligen Frieden, umschloß, so dünkt uns Altenstein in seinem stets wechselnden romantischen Schmuck, ein glühendes Heldengedicht, wo Bilder an Bilder, gleich Thaten an Thaten, sich drängen. Zwar Ein Gedanke durchzieht auch hier das ganze Gewebe, doch in immer neuem Gewande prägt er sich aus und an jeder der zauberischen Stellen bringt er uns Neues herzu. In einzelnen Blättern können wir das schöne Gedicht durchlesen; wo wir es aufschlagen, überall finden wir ein herrliches Ganze, das zu schönster Harmonie mit dem Anderen doch wieder nur von Einem Rahmen umschlungen wird. Und war dort friedliche Stille in dem süßen Gefilde umher: welch frisches Leben wogt in weiten Kreisen um Altenstein! Wie kräftig pulsirt es aus Städten und Dörfern herauf; wie lebendig aus Hütten und Werkstätten, aus Feldern und Gärten drängt es als fordernde Gegenwart sich an uns heran; wie deutlich spricht es als energische That aus jedem Felsgebilde, das zu neuer Form der Menschengewalt sich beugen mußte. So schlingt sich Altenstein als eine der schönsten Perlen in das reiche Diadem, mit welchem die drei Prunkthäler des Waldes im Westen sein majestätisches Haupt umkränzen!

Erschöpft von der langen Wanderung suchen wir in den schattigen Lauben des Gasthauses mehrstündige Rast, bis wir endlich auf der Chaussee zum Thore des Schlosses hinaus (links vom Gasthofe) unsere Straße weiterziehen. In allmäliger Steigung geht sie am Saume des Parks in die Berge hinein. Ein Thal zu ihrer Rechten zeigt uns das freundliche Steinbach, dahinter die Burg Liebenstein. Nach einer kleinen halben Stunde öffnet sich rechts von uns ein anderer Thalgrund: eine lange schmale Wiese, welche sich, jenseits von waldigen Hügeln bekränzt, in die Berge vor uns hineinschlingt. Ein kleiner Bach durchfließt sie, an seinem Ufer geht ein bemerkbarer Fußsteig empor. Es ist der Weg von Steinbach zur

Luthersbuche,

welche das letzte wehmüthige Ziel unserer heutigen Wanderung bildet. An jeder beliebigen Stelle gehen wir den Abhang auf den Fußpfad hinunter, auf letzterem in die Berge hinein, und sind in kurzer Frist an dem denkwürdigen Baume.

Hier rastete Luther, als er im Mai des Jahres 1521 vom Reichstage zu Worms zurückgekehrt, von Möhra, dem naheliegenden früheren Wohnorte seiner Eltern, nach Wittenberg zog. Seine Unfähigkeit, dem päpstlichen Machtspruche zu gehorchen, und, was er als wahres Christenthum erkannt, zu verleugnen, hatte seine zahlreichen Feinde auf's Aeußerste gegen ihn erbittert. Selbst das freie Geleit, das ihm vom Kaiser bewilligt worden, schien zu seiner Rettung nicht kräftig genug, und wäre überdies vor seiner Ankunft in Wittenberg schon verstrichen gewesen. Da hatte sein hoher Schützer, Kurfürst Friedrich der Weise, den Entschluß gefaßt, ihn durch plötzliches Verbergen vor seinen Verfolgern zu sichern. Während Luther am Wege unter diesem Baume verweilte, wurde er auf des Kurfürsten Geheiß durch vermummte Rittter (den Amtshauptmann Hans von Berlepsch und Burkhard von Wenkheim) aufgefangen, und heimlich auf die Wartburg gebracht. Dort lebte er als Junker George unerkannt zehn Monate hindurch bis zum März 1522. Während dieser Zeit übersetzte er die Bibel.

Der Baum, an dem er ruhete, ist jetzt ein morscher, bloß durch Gemäuer in seinem Innern kümmerlich erhaltener Stamm. Ein Ast nur grünt noch fröhlich hinaus. Vor einem Jahrhunderte ganz zum Fällen bestimmt, ist er durch einen frommen Bewohner des Dorfes Steinbach, Andreas Malsch, der ihn ankaufte, der Nachwelt erhalten worden. Unweit von ihm quillt ein Brunnen, aus dem Luther getrunken haben soll, der Luthersbrunnen. — Auch ein Steinblock liegt in der Nähe, der die Spur eines Fußabdruckes zu tragen scheint. Die fromme Sage läßt es den Fuß von Luther sein, der hier beim Vorüberwandeln sich eingedrückt. Ein Schauer der Wehmuth umweht uns beim Anblicke des theuren Denkmals. Jahrhunderte liegen aufgerollt vor unsern Augen, wir betrachten die Kreise, durch welche weithin das reinere Licht sich verbreitet hat, und finden — — doch es neigt sich der Tag, und wir müssen nach Ruhla zurück.

Der Fußpfad schlingt sich von dem Baume in gerader Richtung tiefer in den Wald hinein. Wir verfolgen ihn, und, wenn er sich in den dichten Gebüschen mehrere Male theilt, so gehen wir das erstemal links, die beiden anderen Male aber rechts ab. — Nach einer halben Stunde kommen wir durch die gelichtete Buchenwaldung *) zwischen dem Gerbersteine (rechts) und dem schon bekannten Wegweiser (links) auf die Wintersteiner Chaussee, wenden uns hier links auf den Wegweiser zu, und steigen von diesem den Bergsteig nach Ruhla hinab, dessen erste Häuser, vom Abend umdämmert, wir in dreiviertel Stunden bequem erreichen.

Wer diesen ganzen Ausflug zu Fuß machen will, wird 2½ Tag brauchen. Gegen Mittag verläßt er Ruhla und ist zwischen 5 und 6 Uhr auf dem Inselsberge. Am anderen Morgen, bald

---

*) Vergl. Seite 71, Zeile 14 v. u.

nach Sonnenaufgang, geht er in das Felsenthal und, über den Uebelberg und Kickelhahnsprung, bis auf die Brotteroder Chaussee, welche den, Seite 83 Zeile 8 v. u., beschriebenen Parkweg, der von letzterem zurück nach dem Inselsberge führt, im Thale kreuzt. Von hier steigt er aber den Inselsberg nicht wieder hinauf, sondern wendet sich links sogleich nach Brotterode, wo er Mittag macht. Den Weg bis Liebenstein legt er von 3 Uhr des Nachmittags ab bequem zurück. In Liebenstein übernachtet er entweder in dem theuren, aber sehr gut eingerichteten Kurhause, oder in dem goldenen Hirsch an der Chaussee in der Nähe von Grumbach, wo er zwar weniger Comfort, aber bedeutend größere Billigkeit findet. Am Morgen darauf, gegen 7 Uhr, besteigt er den Ruinenberg, besucht das Felsentheater und geht dann nach Altenstein, wo er zur Zeit der Oeffnung der erleuchteten Höhle ankommt.

Wer die Höhle nicht erleuchtet sehen will, kann, wenn er ein rüstiger Fußgänger ist, die Partie immerhin auch in zwei Tagen, wie wir sie vorgezeichnet, zurücklegen. Nur wird er dann nirgends sehr lange verweilen dürfen, und vom Inselsberge aus sogleich den Waldweg nach Brotterode *) einschlagen müssen, der ihn in einer Stunde dorthin bringt.

---

*) Seite 92, Anmerkung 2.

Achter Reisetag.

Das Annenthal, das Marienthal, die Landgrafenschlucht, die Wartburg, Eisenach, die Hörseelberge.

Es gewährt einen eigenthümlichen Reiz, die frischlaubigen Berge und die grünen Thäler des Waldes von Ruhla aus in stetem Wechsel, bald nach Osten, bald nach Westen hin zu durchstreifen. So nahe sich in den engen Gränzen, die wir gezogen, die genußreichen Partien und die paradiesischen Fernsichten einander berühren, so streng geschieden sind sie in ihrem individuellen Charakter. Das Mannigfaltigste drängt sich in den beschränkten Raum zusammen, und kaum Stunden von einem der herrlichen Orte getrennt, will es uns oft bedünken, als seien wir plötzlich in ein fernes Land entrückt. Drum, wenn der Osten und Süden uns gestern erfreut hatte, so lenken wir heute den Fuß zum Westen und Norden hin; und schüttete dort die schöpferische Natur ihr reiches Füllhorn über uns aus, um uns vor Allem an ihrer Schönheit zu laben, so vereint sie sich hier mit historischer Größe, auf daß der Blick in die Gegenwart und in die hohe Vergangenheit zugleich uns erhebe. — Die **Wartburg** ist heute unser Ziel.

Mit ihr verbinden wir das freundliche, zu ihren Füßen ruhende Eisenach, das felsige, düstere Annenthal, die Steinkolosse der Landgrafenschlucht, das Marienthal, und die mährchenumkleideten Hörseelberge. Als Pforte, durch welche wir in das Zauberreich eintreten, soll uns die Hohe Sonne dienen, unsere Bekannte schon von dem Ausfluge nach Wilhelmsthal her.

Der Weg zu ihr soll aber diesmal ein anderer sein, als der frühere. Die Tage unseres ferneren Aufenthaltes sind gezählt, und Ruhla hat in seiner Nähe der lieben Stellen so viele, von denen wir nicht Eine unbesucht lassen möchten. Wir schlingen sie deshalb in unsere größeren Spaziergänge mit hinein, und wählen darum für heute die Straße, welche vom Badeplatze aus in dem Wiesenthale zwischen dem Engstiege und dem Bermer auf die waldige Höhe, und von dort um den Bermer herum auf den Rennsteig führt: ein längerer, doch ein äußerst belohnender Weg. Von der Höhe des Thales genießen wir in öfterem Umwenden die kostbaren Blicke, die auf Ruhla hinab sich öffnen. Uns dünkt, so freundlich und friedlich zeige sich das Städtchen, — in einem so abgeschlossenen Bilde seine Kirche von keiner Seite her. — Auf der Höhe des Thales spaltet sich der Weg. Links zieht er sich über eine Fortsetzung des Wiesenplanes in die Bergwälder empor; nach rechts zu — wohin wir ihn verfolgen — wendet er sich alsbald in die Bäume, und geht im Walde bei einer abermaligen Theilung aufs Neue rechts ab. Von dunklen Buchen und Tannen umschattet, treten wir bald auf den Rennsteig hinaus. Der alte geheimnißvolle Pfad bewährt auch an dieser Stelle seine Natur. In der frischen erhebenden Waldeinsamkeit wandern wir an düstern Abgründen vorüber, und senden, wo die Bäume eine Durchsicht gestatten, von Zeit zu Zeit einen flüchtigen Blick nach der Rhön. Fehlen konnten wir nicht, weil da, wo wir den Rennsteig berührten, ein

Wegweiser nach Eisenach zeigt. Bald öffnet sich rechts von uns in die grünen Wände ein zierlich geordneter Waldgarten. Von Buchenhecken umfriedet, schlingen sich enge Reihen von Bäumen, die bis zu ihrem Fuße mit Laub bedeckt sind, planmäßig zu Alleen durcheinander. Sie bilden in kolossalen Zügen die Chiffre C. A. 1825, und sind eine Schöpfung des früheren Oberforstraths König*), welche, zur Erinnerung an die 50jährige Regierungsfeier des Großherzogs Carl August von Weimar gepflanzt, den Namen „der Jubelhain“ trägt. — An dem Gartenplatze vorüber, treffen wir in kurzer Frist auf unsern andern Bekannten von der Wilhelmsthaler Partie, den großen fünfarmigen Wegweiser. Fast $\frac{5}{4}$ Stunden sind wir bis jetzt gewandert; noch ein kleines Stündchen, und wir befinden uns auf der Hohen Sonne.

Am frühen Morgen von Ruhla aufgebrochen, haben wir beinahe noch den ganzen Tag vor uns. Es lockt uns darum ein zweites Mal zum Hirschsteine hinauf vor das herrliche Bild von Wilhelmsthal, dem wir den letzten Abschiedsgruß zuwerfen, und zur Hochwaldsgrotte nieder, die uns von Neuem mit ihrem Schauern durchweht. Die jenseitige ihrer beiden Treppen bringt uns wieder zur Hohen Sonne zurück.**) Nur 30 kurze Minuten

*) Dem Oberforstrathe König, welcher früher in Ruhla Forstrath war, hat der Thüringer Wald in seinem Eisenachischen Antheile außerordentlich viel zu verdanken. Er hat die sämmtlichen Promenaden um Eisenach gangbar gemacht, den Karthäuserberg in Wilhelmsthal zum Besuche eingerichtet, und vieles Andere zur Verschönerung des Waldes gethan. Sein tragischer Tod wird unten erwähnt werden. —

**) Wer vom Hirschsteine aus diesmal nicht zur Felsengrotte hinunter steigen will, der kann in ungefähr $\frac{3}{4}$ Stunden eine andere rei-

währte der Gang, doch sie erschlossen uns den Zauber der reichsten Erinnerung, die selig in die frische Gegenwart herüberklingt. Den Blick zur Wartburg nicht vergessend, der sich in des Waldes engem Rahmen vom Garten aus darbietet, geht es nun in das Annenthal hinab.

Den Anfang des Weges dorthin zeigt uns ein Jeder von den Leuten, die sich vor dem Gasthause geschäftig umhertummeln. Doch finden wir ihn leicht auch selber. — Vom Hause links ab, am Garten vorüber, geht er in die Waldwand jenseits des letzteren als ein schmaler Parkweg, und zieht sich im Gebüsche sogleich scharf nach links in schräger Richtung die Anhöhe hinunter. Durch dichtgewölbte schlanke Buchen schreiten wir auf ihm eine Zeitlang fort und um den obern Zipfel einer engen wilden Bergschlucht herum, die sich alsbald in eine bedeutende Tiefe niedersenkt. An ihrer linken Wand steigen wir zu dem Ufer des Baches hinab, von dem sie durchrieselt wird. Sie fällt in schnellem Absturz tiefer und tiefer; die Berge, die sie einschließen, heben sich schroffer und höher; Felsenblöcke bedecken die Abhänge. Farrenkraut und Moos schlingt sich malerisch um ihre Zacken und Spitzen. —

Die Pflanzenwelt des Thüringer Waldes zeichnet sich aller Orten durch eine hervorstechende Ueppigkeit aus. Von den mäch-

---

zende Partie, den Prinzessinsteig, mitnehmen. Anstatt von der Eiche auf dem Berge rechts abzugehen, geht er links den Berg hinunter, auf einem bald nach rechts sich wendenden Wege unter mächtigen Bäumen hin, und an Felswänden entlang, bis an einen Blumenplatz, der durch ein eingehauenes M. A. (Marie Auguste) als Lieblingssitz der Frau Prinzessin von Preußen bezeichnet ist. Die weitere Fortsetzung dieses Weges führt nach Wilhelmsthal. Auch diese Partie ist äußerst belohnend.

tigen Bäumen, welche die Berge mit weit ausgedehnten Wäldern umkleiden, bis zu den Kryptogamen hinunter, die bescheiden am Boden schleichen, überall eine kräftige, strotzende Natur. Wer die Buche, die Tanne und die Fichte in ihrer großartigsten Majestät erschauen will, der muß dieses Gebirge besteigen, in welchem sie sich massenhaft, oft undurchdringlich, und in riesigen Stämmen aneinander drängen, und dem Urwalde gleich kaum einem Sonnenstrahle den Weg durch ihre Wipfel vergönnen. Wo die Sandsteinregion beginnt, namentlich im Osten, findet sich auch die Kiefer. Die übrigen Bäume, welche vorzugsweise die Flächen des mittleren Deutschlands zieren, sind spärlicher umhergestreut; zu erwähnen aber ist, als im Westen des Waldes in außerordentlicher Schönheit vorkommend, die Traueresche, welche hier einen hohen Schmuck der Thäler und Gärten bildet. Gartenobst ist nur selten, kleineres Waldobst dagegen in unendlicher Fülle vorhanden, und für den Wanderer oft zu großer Erquickung. Wiesen und Wälder prangen in Blumen und Gräsern der herrlichsten Arten, viele der ersteren blühen in der Fläche nur in Gärten. Ein botanisches Lehrbuch mag sie nennen und beschreiben. Doch als sinnigster Schmuck der Wälder ziehen sich Moose und Farrenkräuter unzähliger Gattungen an den altersgrauen Felsenwänden herab. Auch

das Annenthal,

in welchem wir jetzt wandern, strotzt in ihrer reichsten Fülle, die theils die Wildniß noch wilder macht, theils sie verschönt. Hier in kleinen Büschen, dort in mächtigen Fächern, brechen die Farren aus den Steinspalten hervor, und die endlosen Ranken des Schlangenmooses umkränzen sie vom Gipfel bis zum Fuße der düsteren Kolosse hinunter. Am Bache lagern sie sich hin, halb ihn verhüllend, halb überspült von ihm: ein wildes, doch überall üppigschwellendes Leben.

Bald senken die Felsen sich tiefer und verengen sich so, daß ihre steilrechten Wände ungefähr 20 Schritte lang kaum Einem von uns den Durchgang gestatten wollen. Doch aufs Neue treten sie dann wieder zurück, und geben dem Waldesdunkel noch einmal Raum. Die Wege, die sich in diesem Gebüsche nach rechts hin ziehen, werden von uns nicht beachtet; wir halten uns links, immer den Abhang des Berges entlang. In kurzer Frist engen die Felsen uns abermals ein, und nun für längere Dauer. Eine Schlucht, hoch und zusammengepreßt und in mannigfachen Windungen fortschleichend, öffnet sich vor uns als die grausigste Stelle des Thales. Unter unsern Füßen brauset der überbrückte Bach. Wo die bemoosten Felsen in den Krümmungen sich wenden, senken sich andere Felsen herab, als wollten sie in dem finsteren Gange auch düstere Gemächer bilden. Der unheimliche, beklemmende Ort heißt die Drachenschlucht, und mit ihm endet das Thal. *) Zu seiner Linken wird es draußen von einer dunklen Kluft begränzt; in ihren felsigen Kessel stürzt von einer steilen Wand ein Bach herab, und vollendet das Gemälde der schauerlichen Wildheit. Ein riesengroßes A, in einen der Ausgangsfelsen gehauen, weiset auf seinen Namen hin. Er wurde ihm im Jahre 1833 bei einem Besuche der Königin Anna von Holland gegeben, der Schwester der Großherzogin Marie Paulowna von Weimar.

Ein großartig lieblicher Eindruck erwartet uns, wenn wir

---

*) Von Eisenach aus bildet die Drachenschlucht den Eingang in das Annenthal. Bei ihrem Besuche ist wegen der darin herrschenden Kälte Vorsicht in der Bekleidung anzurathen.

die Schlucht verlassen. Durch die gelichteteren Bäume schimmert ein tiefer festgeschlossener Bergkessel. An seinen steilen, nur mit Rasen bedeckten Wänden starren in weiten Zwischenräumen gewaltige Felsgruppen umher, jedwede von mehreren röthlichen Felsenkolossen gebildet, die eng aneinander geworfen in schroffem Absturz mit ihren Wänden bis tief an den Fuß der Berge hinuntersteigen. Es ist das hier beginnende

Marienthal,

welches, alsbald nach rechts hin durch die Berge sich öffnend, und dann von andern ähnlichen Bergen umragt, in gleichem Charakter und in breiter Ausdehnung, bis dicht vor Eisenach geht: ein Anblick imposant und freundlich zugleich. Ringsum an den langen Rücken der Berge die röthlichen Felsengebilde, ein jedes auf glattem grünem Teppich gelagert; im Grunde dazwischen der lustige Wiesenplan vom Bache durchschlängelt, und durchzogen vom gelblichen Bande der Kunststraße; am Ufer des Gewässers Gruppen von Bäumen gefällig umhergestreut; in ihrem Schatten der Hirt, sorglos pfeifend zu dem Heerdengeläute, das von den Berglehnen und aus den Büschen ihm zutönt!

Wir halten uns, wenn wir die Drachenschlucht verlassen haben, zur Rechten hin. Bald führt uns der Weg über einen schmalen Damm am Ufer eines Teiches (links) zu der höher liegenden Chaussee (rechts) hinauf, von deren jenseitigem Rande eine imposante Felsenwand herüberragt. Es ist der Gehauene Stein, von welchem das Annenthal früher den Namen trug: der „gehauene Steingraben". Auf der Chaussee gehen wir einige hundert Schritte in dem Marienthale vorwärts, bis uns ein Wegweiser rechts ab in das dritte hochromantische Felsenthal zwischen den Bergen um die Wartburg, in

die Landgrafenschlucht

zeigt. Dieselbe trägt ihren Namen von dem Landgrafen Friedrich mit der gebissenen Wange, der im Kriege mit seinem Vater Albrecht dem Entarteten, in diesen Klüften versteckt, von hier aus die Wartburg zu stürmen gedachte. Majestätische Felsenkolosse zieren schon ihren Eingang, und mit munteren Wellen sprudelt auf schmalem, saftigem Wiesengrunde ein Bach daraus hervor. Uns zur Linken ragt an seinem Ufer mit Zacken und Spitzen ein steiler Felsthurm in die Luft, von dessen Wänden eine Gedenktafel ernst in das Marienthal herunterschaut. Sie ist der Erinnerung an den Oberforstrath König geweiht, *) der im Jahre 1850 am Fuße dieses Felsens zerschmettert gefunden wurde. Seine Ueberreste ruhen wenige Schritte von hier in der Landgrafenschlucht am Rande des Baches, wehmüthig überschattet von den tief gesenkten Zweigen einer Traueresche. Mächtig und ernst, wie dieser Eingang, dehnt sich die Schlucht einige tausend Schritte in riesigen Felsengebilden fort. Dicht an einander geschlossen, in stets wechselnder Form, steigen sie über die Buchenkronen empor: ein völlig verschiedenes Bild von den engen Klüften des Annenthals. Hier ragt eine Burg in die Höhe; dort ein stolzer Thurm, auf hoher Zinne von Büschen umgrünt; dort senkt sich in langen Wänden zertrümmert Gemäuer herab. Doch die Felsen enden, und als ob er von den Bergwänden wie in einer sanften Wiege gehegt würde, steigt nun ein heitrer Buchenhain an des Bächleins Ufer nieder. Wir senden grüßende Blicke in den erquickenden Waldes-

---

*) Vergl. die obigen Notizen Seite 123 Anmerk. 1.

schatten und kehren durch die Felsen in das Marienthal zurück. *) — Der Wegweiser, der uns hineingeleitet hatte, weiset uns mit einem zweiten Arme

den Felsenstieg

hinan, einen steilen Parkweg, der auf der gegenüberliegenden Berglehne um die Felsenblöcke herum und über ihre Gipfel fort zur Wartburg führt. Bisher stets nur in schattigen Thälern

*) Der Weg durch die Landgrafenschlucht weiter führt gleichfalls bis auf die Hohe Sonne, und wer diese Partie wiederholt macht, dem kann man nur rathen, das eine Mal durch das Annenthal, das andere Mal durch jene Schlucht zu gehen. Beide zugleich lassen sich nur verbinden, wenn man über die Hohe Sonne auch nach Ruhla wieder zurückkehrt, oder wenn man, zu Wagen reisend, diesen auf der Hohen Sonne warten läßt, durch das Annenthal hinunter und durch die Landgrafenschlucht, oder umgekehrt, wieder hinaufgeht, und nun auf der Chaussee bis zum Felsenstieg fährt.

Welchem von beiden Thälern man bei nur einmaliger Durchstreifung der Gegend den Vorzug geben soll, ist schwer zu entscheiden. Die Landgrafenschlucht, im Ganzen lieblicher und mit großartigeren Felsenpartien, dabei auch reicher, weil sie in dem Karlstein und dem Landgrafenberge auch Aussichtspunkte umschließt, und der Weg zu ihr überdies an dem Drachensteine vorbei führt, der gleichfalls eine kostbare Fernsicht bietet, gewährt auf diese Weise mehr Abwechselung als das Annenthal. Gleichwohl zogen wir letzteres vor, weil hier eine Wildheit uns anlockte, die in dieser Art von keinem zweiten Thale des Waldes geboten wird, und außerdem der erste Einblick in das Marienthal von hier aus großartiger ist.

Wer indessen die Landgrafenschlucht wählen sollte, wird dennoch gut thun, das Annenthal wenigstens bis hinter den oben beschriebenen beiden Schluchten zu durchstreifen, und erst dann auf die Wartburg hinaufzugehen. —

und eingeklüftet in düstere Felswände, beginnt von jetzt ab der Blick wieder ins Freie zu schweifen. Doch muß er der lieblichen Ferne die süßen Bilder gar mühsam abringen. Gleichwohl belohnt sich die Mühe, und es möchte dringend zu rathen sein, die Wartburg von hier aus auf keinem anderen Wege zu besteigen. Jeder Schritt, der uns in die Höhe trägt, erschließt uns neue entzückende Ansichten in dem herrlichen sonnenumglänzten Marienthale. Am schönsten entfaltet es sich vor der Sängerbank und der Waidmannsruhe, den beiden steinernen Sitzen, mit denen freundliche Sorgfalt auch den ermüdeten Wanderer bedacht hat. Von der letzteren zumal, an die wir hingelangen, wenn wir zuvor auf der Kante des Felsens an schroffen, waldigen Abgründen vorübergeeilt sind, öffnet sich uns aus den Bäumen ein gar entzückendes Bild. Zur Linken gähnt, von starren Felsen umragt, eine wild zerklüftete Schlucht, die verwünschte Jungfernschlucht, in welche die Sage eine verwünschte Königstochter hineingebannt; aus der Ferne blühen uns reizende Gartenwände entgegen, welche näherziehend die sanften Berglehnen reich umkleiden, und aus ihrem Grün schauen rothglänzende Dächer hervor; zur Rechten breitet sich das Marienthal in die Berge hinein, uns gegenüber mit einem riesigen M. geschmückt. Es war der Weihegruß, den Eisenach der jungen fürstlichen Gemahlin Maria Paulowna entgegensandte, als sie im Jahre 1805 dem Thale seinen Namen gab.

Der Weg wendet sich bei der Waidmannsruhe vom Marienthale ab, und steigt scharf nach links in die Schlucht hinunter. Jenseits klimmt er in ihrer Enge aufs Neue bis zum Rücken des Berges, und durchbricht einen Felsenkamm, der sich ihm dort entgegenwirft. Durch dessen weitgeöffnetes Thor, — über ein wildes Thal — von einem fast senkrechten Felsenthurme her blickt uns, — in Thüringens Burgenkrone das kostbarste Juwel, der glanzvolle Mittelpunkt seiner reichen Geschichte, —

die Wartburg

entgegen. Vor wem tauchen bei diesem Namen nicht schon längst entschwundene Jahrhunderte aus ihrer Vergessenheit wieder auf! Wen umdrängen, seiner gedenkend, in reichem Kranze nicht duftige Sagen und herrliche Thaten! Stolz liegt sie vor uns da, Deutschlands erlauchteste Burg, von der die reineren Strahlen des Glaubens und die ersten farbigen Schimmer der heiteren Poesie über das schöne deutsche Land hinausströmten. Kühn auf dem Felsen horstend, umzogen von düsteren Schluchten, die in ringsum lachende Thäler sich öffnen, und fernhinausschauend über die grünen Nachbarberge, ragt sie mit ihrem stolzen Thurme hoch in die Lüfte. Von der erhabenen Zinne des fürstlichen Palastes blickt trotzig Thüringens Löwe auf die reichen Gauen nieder. Ein weitwaltendes prächtiges Fürstengeschlecht beherrschte von hier aus beinahe vier Jahrhunderte hindurch ein ausgedehntes Gebiet umher, und Licht, Gesittung und Wohlstand verbreitete sich durch sein Sorgen über die gesegneten Fluren. Von Ludwig dem Salier, der die Burg erbaute, bis zu Friedrich dem Friedfertigen, der sie als Residenz verließ, welch eine lange Reihe erlauchter und stolzer Namen, welch ein herrlicher Stamm, der Länder zu Ländern fügend in seiner Macht die Kaiserkrone selbst verschmähen konnte.

Schon ihr Erbauer *), ein kühner, gewaltiger Mann! Von

*) Die Namen und Thaten der Fürsten, oder einzelne Züge aus ihrem Leben sind schon deshalb hier mit aufgeführt worden, weil man uns später auf der Wartburg ihre angeblichen Rüstungen zeigt, und es immerhin von Interesse ist, bei jeder von diesen den Träger sich zu vergegenwärtigen.

seinen Thaten erzählt uns die Geschichte, und eine alte Sage berichtet, wie ihm ein beherzter Sprung aus dem Thurmfenster der Burg Giebichenstein in die Saale hinab Befreiung aus der Gefangenschaft des Erzbischofs von Magdeburg, und den anderen Namen „der Springer" gegeben.*) Ihm folgte Ludwig der Eiserne, der seine Vasallen in eiserne Zäume gelegt, und mit ihnen bei seiner zweiten Hofburg, der Neuenburg bei Freiburg, einen Acker umgepflügt hat. Die Macht dieses Fürsten war so groß, daß, als Kaiser Friedrich Barbarossa die Mauern der Neuenburg nicht für kampfrüstig genug hielt, er stolz das berühmte Wort entgegnen konnte: „der Mauer sorg' ich nit, die mach' ich schon, so ich ihrer bedarf"; und am nächsten Morgen erblickte der erstaunte Kaiser eine glänzende eherne Mauer um die Burg gezogen: die Ritter und Mannen des Fürsten, die in ihrer reichen Zahl noch während der Nacht herbeigerufen waren. Selbst nach seinem Tode ließ er die übermüthigen Vasallen seine Strenge fühlen. Sie mußten, so hatte er sterbend geboten, ihn von der Neuenburg bis an seine Gruft nach Reinhardsbrunn**) auf ihren Schultern tragen. — Ludwig der Milde, der, mit seinem Bruder Herrmann in der Gefangenschaft Heinrich des Löwen, dem heiligen Georg den Bau einer Kirche gelobte, und nach seiner Befreiung die prächtige Georgenkirche zu Eisenach gründete. Durch diesen Bruder, Herrmann den Sängerfreund, einen der glänzendsten

---

*) Diese Ableitung des Names beruht eben nur auf einer Sage. Wie wir später sehen werden, waren die Landgrafen von Thüringen aus dem Königsstamme der Salier, und der Beiname Ludwig der Salier wurde fälschlich mit „der Springer" übersetzt.

**) 12 Meilen weit.

Fürsten, begann ein frischeres Geistesleben von der Wartburg aus über Deutschland hinzuwehen. Der hochgefeierte Sängerkampf mit seinen herrlichen Sagen und den großartigsten Wirkungen für deutsche Poesie und Sprache, wird zu allen Zeiten als ein leuchtendes Phänomen aus dem Dunkel jener rauhen Jahrhunderte hervorstrahlen. Herrmann, schon an seinem prachtliebenden Hofe auf der Neuenburg von einer reichen Zahl von Minnesängern umgeben, zog dieselben nach seinem Regierungsantritte mit auf die Wartburg hinüber. Hier wurde der geistige Kampf gekämpft, in welchem die Hochbegabtesten, Walther von der Vogelweide, Kaiser Philipps Rath, Heinrich von Osterdingen, der Eisenacher Bürger, der Schweizer Wolfram von Eschenbach, Johann Bittenolf, Reinhard von Zwetzen und Heinrich von Veldeck, der tugendhafte Schreiber genannt, durch sinnige Ergüsse ihrer Dichtergaben einander den Preis abzuringen suchten. Zuhörer waren hunderte von anderen Meistern des Gesanges. Zum Richter hatte der Fürst den sagenhaften Klinsor aus Ungarn auserkoren, einen Mann, den die Sänger des Mittelalters mit dämonischer Gewalt umgeben. Er erkannte Wolfram von Eschenbach den Preis zu, und kehrte von Herrmann reich belohnt in sein Vaterland zurück, der Kampf aber wurde später durch reiche Dichtungen verherrlicht. — In seligster Verklärung leuchtet nun die Regierungszeit von Herrmann's Sohne, Ludwig dem Heiligen und seiner Gattin, Elisabeth der Heiligen. Die fromme mildherzige Tochter Königs Andreas von Ungarn war schon in ihrem vierten Jahre an Herrmann's Hof gebracht, und dort mit dem ihr bestimmten Bräutigam zu den Künsten des Friedens und des Wohlthuns erzogen worden. Zu ihrer glänzenden Vermählung auf der Wartburg wurden die Grafen und Herren aus den ringsumliegenden Ländern insgesammt geladen, und Gelage und Turniere der jüngeren Ritter wechselten dabei mit Tanz und Musik, so daß ein Dichter des Mittelalters davon sang:

Also das Essen was gethan,
Da erhub sich ein groß Stechin,
Die jungen Ritter mußten brechin
Ere Spere vor den jungen Brüten
Und vor andern ehrbarn Lüten,
Darnach ward Tanzen vel,
Posaunen, Pfifen und manchirlei Seytenspel.

Das Leben beider Gatten floß nun im innigsten Seelenvereine dahin, den Werken der Frömmigkeit und des Wohlthuns geweiht. Sage und Geschichte trägt uns zahlreiche rührende Züge ihres Waltens zu, und Elisabeth, in Gedichten und Gemälden gefeiert, lebt noch heute im dankbarsten Andenken der durch sie gesegneten Länder. Doch die Zeit ihres Glückes war nur eine kurze, und bald mußte auch sie die trübsten Tage sehen. Ludwig starb auf einem Kreuzzuge, und sein Halbbruder, Heinrich Raspe, der ihm in der Herrschaft folgte, vertrieb die tiefbekümmerte Wittwe, die sich mit gebrochenem Herzen von dem Orte so vieler seliger Freuden losreißen mußte. Raspe wurde als Gegenkönig dem Kaiser Friedrich dem Zweiten gegenübergestellt, und starb wenig geachtet und kinderlos. Um seine Erbschaft entbrannte ein langer blutiger Kampf. Heinrich der Erlauchte, Markgraf von Meissen, Raspe's Schwestersohn, und Ludwig's Tochter Sophie von Brabant für ihren Sohn, das Kind von Brabant genannt, beanspruchten dieselbe. Nach verheerenden Fehden wurden die Länder getheilt, und Heinrich erhielt Thüringen mit der Wartburg. Er war der prächtigste Fürst seiner Zeit, und selbst Kaiser Friedrich II, der seine Tochter Margarethe seinem Sohne, dem Landgrafen Albrecht, zur Gemahlin gab, erstaunte über den Glanz seines Hofstaates. Ein Turnier, das er in Nordhausen veranstaltete, wird als das herrlichste geschildert, das Deutschland bis dahin gesehen hatte. Der weite Platz, zu einem Garten umgewandelt, enthielt in seiner Mitte einen großen Baum von gediegenem Silber mit Blättern von Silber und Gold. Jeder Ritter, der des Gegners Lanze brach, durfte ein silbernes; wer ihn, ohne selber erschüttert zu werden, aus dem Sattel hob, ein goldenes Blatt pflücken. — Heinrich's Sohn, Albrecht, den die Geschichte den Entarteten (Unartigen) nennt, warf einen schimpflichen Flecken auf den bisherigen Glanz des Geschlechtes. Die Wartburg ward Zeuge der unwürdigsten Behandlung seiner Gemahlin Margarethe. Um sich mit einem Hoffräulein, Kunigunde von Eisenberg, zu verbinden, dachte Albrecht sogar darauf, sie ermorden zu lassen. Nur die schleunigste Flucht konnte sie retten. An Seilen ließ sich die unglückliche Frau von der Burg herab, und mit zerrissenem Herzen sagte sie an der Schwelle ihren beiden Söhnen ein blutiges Lebewohl. — Ihr Schmerz war so überwältigend, daß sie beim Abschiedskusse dem Aeltesten, Friedrich, in die Wange biß, wovon er später den Namen „der Gebissene" trug. Hilflos durchirrte sie nun das Land, bis der Gram sie in kurzer Zeit tödtete; denn ihr mächtiges Geschlecht, die Hohenstaufen, war indessen auch schon gefallen. Die ruchlose Gräuelthat hatte zwischen dem Vater und den beiden Kindern unversöhnlichen Haß herafubeschworen, und Albrecht, der Kunigundens Sohne, Apitz, die Herrschaft zuwenden wollte, beschloß sogar ihre Enterbung. Da überzogen ihn Beide, Friedrich und Diezmann, der erstere kaum 16 Jahre alt, mit einem langwierigen Kriege, welcher, zumeist in der Nähe der Wartburg geführt, dem Lande viel Unheil brachte, zuletzt aber mit dem Siege der Kinder endete. Friedrich mit der gebissenen Wange, auch der Freudige genannt, beherrschte nun die wiederberuhigten Länder, und, bald zu neuer Kraft erstarkt, vermochte er im Bruderbunde mit Diezmann selbst Kaiser Albrecht's Angriffe zurückzuwerfen. Allein zum höchsten .Gipfel der Macht erhob sich das stolze Fürstenhaus unter seinem Sohne, Friedrich dem Ernsthaften, dessen reiche Besitzthümer erst durch die Elbe bei Meissen und Dresden begränzt wurden, und der sogar nach Kaiser Ludwig des Bayern Tode die von den Fürsten ihm angetragene Kaiserwürde zurückwies. Seine drei Söhne regierten, anfänglich gemeinsam, dann getrennt, in dem weitausgedehnten Gebiete. Bei dieser Theilung fielen auf den Landgrafen Balthasar die eigentlich Thüringischen Staaten, und er war der Letzte aus der langen fürstlichen Reihe, der auf der Wartburg Hof hielt. Sein Sohn, Friedrich der Einfältige, auch der Friedfertige genannt, verlegte nach des Vaters Tode die Residenz, und mit ihm erlosch zugleich das landgräfliche Geschlecht. Lange Zeit hindurch lag nun die herrliche Burg verödet und ruhmlos da; doch unerwartet brach ein neuer Glanz aus ihr hervor. Ein eigenes Begegnen war es, daß er einer Schöpfung desjenigen entquoll, der sie als der Letzte bewohnt und gepflegt hatte. Von Landgraf Balthasar war die Hochschule zu Erfurt gegründet worden, und auf dieser empfing Luther seine Bildung. Durch ihn wurde die Wartburg mit erneutem und dem unsterblichsten Ruhme geschmückt.

Nach mannigfachen Theilungen der Länder Friedrich's des Einfältigen unter den sächsischen Fürsten, seinen Erben, war sie an das Kurhaus Sachsen gekommen, und nun die Stätte geworden, wo Friedrich der Weise den Reformator vor seinen Feinden in Sicherheit gebracht hatte.*) Die stillen Stunden, die Luther hier in der zehnmonatlichen Einsamkeit, als Junker Georg, verlebte, trugen der Menschheit die erhabenste Frucht. Seine Bibelübersetzung ist durch alle Lande gedrungen, und wo man ihr Aufnahme gewährte, da hat das lautere göttliche Wort, das ihr entquillt, belehrt, gebessert, getröstet und zu Gott erhoben. Erst sie bewirkte die wahre Reformation der Gemüther, und keine glänzende That der Fürsten alle, die hier geherrscht haben, kommt dem göttlichen Glanze gleich, mit dem dies stille Werk frommer Begeisterung den Namen der Wartburg nun für alle Zeiten verklärt. Doch als hätte sie hierdurch der Verherrlichung genug für Jahrhunderte erworben, und als sollte sich keine nachfolgende Großthat mehr zwischen den Glanz dieser Letzten und uns abschwächend eindrängen: so trat die Burg, nachdem Luther sie wieder verlassen hatte, in völliges Dunkel zurück. Denn was in neuerer Zeit auf ihr geschehen ist.**) — nachdem sie im wechselnden Herrschaftsbesitze der Sächsischen Häuser von Weimar auf Eisenach und später wieder auf Weimar übergegangen — das läßt sich in keinem Sinne mit der Größe

---

*) Vergl. Reisetag 7, Seite 118.

**) Im Jahre 1817 wurde auf ihr das bekannte Wartburgfest, im Jahre 1847 ein Sängerfest gefeiert, letzteres als sinniger Nachklang des alten Sängerkampfs, und wenn auch bescheidenerer Art, doch wahrlich nicht minder vom göttlichen Zauber der Kunst durchglüht und erhoben.

vergleichen, die aus ihrer glorreichen Vergangenheit zu uns herüberstrahlt.

Wie die Geschichte der Burg, keimend, wachsend und verlöschend, so zeigte sich im Laufe der Zeiten auch ihre äußere Gestalt. Gegründet im Jahre 1070 von Ludwig dem Salier (dem Springer), der in den Thälern um Eisenach jagend, den herrlichen Berg erblickt und begeistert ausgerufen haben soll: Wart' Berg, du sollst mir eine Burg werden! wurde sie sogleich bei ihrem Entstehen ein schönes Werk der barmherzigen Liebe. Das Land war, als der Fürst den Bau begann, von Hungersnoth hart bedrängt, und Ludwig bot den Darbenden aus seinen reichen Magazinen Speise für ihre Arbeit. Da kamen Hunderte herbei zu helfen, und die Dankgebete der Geretteten waren die Segenssprüche, unter denen die Mauern emporwuchsen, und durch welche so viel des Herrlichen und Großen in ihnen vollendet worden ist. Nach zwei Jahren stand die Burg in ihrem Glanze da, die Dächer mit Blei gedeckt, Gesimse an Thüren und Fenstern aus Steinen kunstvoll gemeisselt, Decken und Wände der Gemächer mit prachtvollem Schnitzwerk verziert. Und jeder ihrer Bewohner pflegte und liebte sie, und that ihr neue Schönheiten hinzu. Bilder und Beschreibungen, uns noch aufbewahrt, und die kunstvollen Säulen an den Fenstern des Herrenhauses zeigen noch jetzt, wie herrlich die Burg gewesen, und wie majestätisch sie über die frischen Baumwipfel ihrer Nachbarberge fortgeragt. Allein seit Friedrich der Einfältige im Jahre 1406 sie als Herrschersitz verlassen, und sie nun verödet dastand, sank auch ihre äußere Pracht allmälig hin, und sie kam in raschen Verfall. Feuersbrünste trafen sie zu mehren Malen und zerstörten ihre Hauptgebäude, andere wurden niedergerissen. Nur der Kapelle nahm sich Herzog Ernst von Eisenach zur Zeit des dreißigjährigen Krieges an, und gab derselben ihre jetzige Gestalt. Den empfindlichsten Nachtheil aber erlitt die Burg durch einige Neubauten, die man zu Ende des vorigen Jahrhunderts in nichtssagendem modernem Geschmacke in die alterthümlichen Formen einfügte, und durch welche man sie noch des letzten Schmuckes beraubte: der Harmonie ihrer Trümmer. So bot die Altehrwürdige in den späteren Jahren ein gar betrübtes Bild, unwerth der historischen Größe, die sie schmückte, und Haufen Schuttes, die auf ihren Höfen umherlagerten, vollendeten das schmerzliche Bild der Zerstörung.

Da beschloß, begeistert von der Hoheit ihrer Bedeutung, ein jugendlicher Fürst, der jetzt der Beherrscher des Landes geworden ist, Carl Alexander von Weimar, die Burg aus ihrer langen Schmach wieder hervorzuziehen. Von neuem sollte sie den prächtigen Fürstenpalästen, die von Thüringens schönen Bergen stolz niederblicken, sich würdig anreihen, und als eine Königin unter ihnen im altgewohnten Glanze hinausstrahlen. Die Spuren des langen Verfalles, von denen Gemächer und Höfe bis zur Unwegsamkeit verunstaltet waren, wichen der ordnenden Kraft, *) und seit Menschengedenken trat der Fuß zum ersten Male wieder auf geebneten Grund. Kunstverständigem Rathe vertrauend, förderte der Wiedererbauer nun ein kräftiges Schaffen. Die neuen Entwürfe hatte der Professor von Ritgen gefertigt. Dem Fürsten gleich von dem Gedanken durchglüht, die Burg in ihrer alten Majestät herzustellen, hatte der sachkundige Meister sich die Aufgabe gestellt, das Neue zu engster Harmonie mit dem noch Erhaltenen zu verbinden. Die mannig-

*) Die Wegräumung des ringsumher aufgethürmten Schuttes soll allein gegen 10,000 Thlr. gekostet haben.

fachen Angriffe, die man seinen Plänen entgegensetzte, wies der Fürst gemessen zurück, und der Erfolg lehrt schon jetzt, wie tief durchdacht der Entwurf, wie weise seine Wahl gewesen ist.

Eine frische Thätigkeit regt sich nun in den alten Räumen, und wenn auch noch Jahre bis zur Vollendung des großartigen Werkes verstreichen können, so wird es doch künftigen Geschlechtern gegeben sein, den stolzen Bau aufs Neue in seinem Glanze zu schauen, und an ihm sich zu weiden, wenn er, ein würdiger Fürstensitz, auf seinem Felsen emporragen wird.

So rufen wir uns Alles, was sich nur Großes und Herrliches an die Wartburg knüpft, bei ihrem Anblicke ins Gedächtniß zurück, und ihrer Vergangenheit, Gegenwart und Zukunft lange und ernst nachsinnend, lassen wir über das wilde Thal, das sie noch von uns trennt, ihr Bild tief in unsere Seele dringen. Die weite Felsenspalte, durch die es auf uns herschaut, setzt es bis zum Garten der Hohen Sonne fort, der vorliegende Wald verbirgt dort nur die schroffen Wände, auf denen die Burg horstet, und die ihr gerade von hier aus einen so mächtigen Anblick gewähren. Links von ihr breitet sich im anmuthigen Widerspiele zu den düsteren Klüften vor uns, das freundlich umwaldete Thal der Silbergräben aus, worüber die höhern Berge der Rhön herblicken. Bauliche Anlagen am Rande des Wiesengrundes sind Bergwerke, in welchen nach Steinsalz gegraben wird. — Wir steigen in die Schlucht nieder, und jenseits den Abhang des Berges hinauf. Der Weg schlingt sich durch dichte Waldung auf den Kanten der Felsen an einer Ruhebank vorüber, welche aus einer kühlen Grotte in die Baumwipfel unter und über sich schaut. Es ist die Luthersbank, ein wehmüthiges Plätzchen, zu dessen Verstecktheit Luther sich noch hinauswagen durfte, und wo er oft sinnend gerastet haben soll. Ueber den Burggarten hinauf und unter der steinernen Schloßbrücke fort, durch welche die Wartburg mit einem Felsenkamme unweit ihres Eingangs verbunden wird, gelangen wir auf ein kleines, offenes Plateau, wohinein auch der Weg von Eisenach führt. — Die Stadt entfaltet sich unten in einem zauberischen Bilde, und wird mit Jubel begrüßt. — Ueber Felskamm und Brücke, der einzigen Stelle, an welcher sich uns ein Zutritt öffnet, erreichen wir endlich durch ein tiefes gewölbtes Thor den Eingang zur Burg. — Die Wanderung von der Hohen Sonne aus hatte drittehalb Stunden gewährt.

Das Burgthor führt in einen nach Norden gelegenen, niedrigen Thurm, an dessen rechte Seite, mit einem Nebenflügel nach Westen zu, sich das Ritterhaus lehnt, ein alterthümliches Gebäude, am Dache mit einem Kranze von Giebeln umringt. Dasselbe umschließt in seinem untern Geschosse die Restauration; im obern die Wohnung des Kommandanten; im Nebenflügel das Lutherzimmer. Ueber der Pforte des Hauses, im Innern des engen, untern Burghofes, sehen wir ein altes Steinbild eingefügt, einen Lindwurm, der einen Kaiserlichen Boten verschlingt. Es scheint noch aus den frühesten Zeiten der Erbauung zu stammen, seine nähere Bedeutung aber ist unbekannt. Das Ritterhaus diente ehedem nur zur Beherbergung des fürstlichen Gefolges und war offenbar noch eins von den Vorgebäuden der Burg. Die Hauptgebäude, in beträchtlicher Höhe über demselben, liegen im obern Hofe, an der östlichen Kante des Felsens. Ein langer Gang, jetzt theilweise zu Wirthschaftsräumen benutzt, und jedenfalls erst später erbaut, verbindet sie mit der linken Seite des Thores. Es sind von ihnen noch zwei vorhanden: an den Gang geschlossen, das Neue Haus, und neben diesem das Hohe Haus. Das letztere ist der einzige würdige Rest aus den glänzenden Zeiten der Burg, und seine mit kunstvollen Säulen reichgeschmückten Korridore an der westlichen Fronte bezeugen deutlich ihre einstige Herrlichkeit. Es enthält in seinen Mauern das Landgrafenzimmer, jetzt ein wüster schmuckloser Raum, die Rüstkammer, die Burgkapelle und den Rittersaal. Das neue Haus, der eingefügte widersprechende Bau, ist gegenwärtig zur Aufnahme der fürstlichen Besitzer hergestellt. An der südlichen Ecke des Felsens im obern Hofe, unweit des Hohen Hauses, steht ein zweiter, beträchtlich höherer Thurm, — eine stolze Zierde der Burg, — ein einstiger Wartthurm, später der Pulverthurm genannt. In seiner Nähe liegt die Cisterne des Schlosses. Vor den Hauptgebäuden dehnt sich der obere Hof, mit freier Aussicht nach Westen, über den höchsten Rücken des Felsens aus, und steigt in mehreren Terrassen (westlich) von diesem etwas hinab, — leider zur Rechten und Linken bis jetzt noch durch einige armselige Wirthschaftsgebäude begränzt. Von dem weiteren Umfange, den die Burg zur Zeit ihres Glanzes noch nach Norden hin gehabt hat, läßt sich wenig mehr erkennen. Nur an der östlichen Spitze des Felsenkammes vor der Brücke zeigen sich Spuren von Vertiefungen in dem Steinboden, in welchen Fundamente eines Gebäudes geruht zu haben scheinen. Dieser Ort aber, von dem sich zugleich eine wunderherrliche Aussicht auf Eisenach und die umgränzenden Thäler darbietet, darf ohne Genehmigung des Befehlshabers der hier stationirten Schloßwache nicht betreten werden. Auf demselben sind jetzt Kanonen aufgepflanzt, theils moderner, theils alterthümlicher Bildung, welche zur Begrüßung der fürstlichen Herrschaften und zur Signalisirung bei Feuersbrünsten dienen.

Um das Innere des merkwürdigen Baues zu beschauen, rufen wir durch eine Glocke (im Hofe rechts vom Thore) den Führer herbei.*) Er geleitet uns zuerst in das Neue Haus, in dessen unterer Flur das Modell eines alten Schlosses steht. Es soll, vom Herzog Johann Ernst dem Aelteren von Eisenach verfertigt, angeblich dem in den Grumbachischen Händeln im Jahre 1567 geschleiften Grimmenstein bei Gotha getreu nachgebildet sein. Die Zweifel, die sich uns bei dieser, wie bei einigen andern Erzählungen des Führers aufdrängen, machen wir nicht laut, um fremden Genuß nicht zu stören. Gleichwohl möchte es hier, wie bei vielen Werken des Alterthums gehen; der Glaube, daß sie es seien, ist, was ihnen allein ein Interesse verleiht.

Von überwiegend höherem historischen, und sogar von künstlerischem Werthe ist die Rüstkammer,**) eine Sammlung von

---

*) Die Führer halten sich in der Regel im Restaurationslocale auf, zu welchem man daher, auch aus anderen naheliegenden Gründen, nicht erst besonders geführt wird. An den Wänden desselben sind die Portraits alter Landgrafen und sächsischer Fürsten zu schauen. Ein langer, gleichfalls dort befindlicher Holzschnitt stellt die Uebergabe der Augsburgischen Confession vor; die Portraits auf demselben sollen sehr wahrheitsgetreu sein.

Anlangend die Kosten des Herumführens, so ist darüber bis jetzt nichts Bestimmtes vorgeschrieben, vielmehr wird jedem die Größe des Douceurs selbst überlassen. Wenn aber Gesellschaften von 4 — 5 Personen zusammen 15 — 20 Sgr. geben, so ist dies ausreichend.

**) In der Rüstkammer befindet sich überdies ein altes Bild, welches Ludwig den Eisernen darstellt; den Hintergrund desselben bildet das Umpflügen des Edelackers bei Freiburg durch die Vasallen dieses Fürsten.

Waffen und Rüstungen, die zum Theil zu den kostbarsten Arbeiten dieser Arten gehören. Die Letzteren, von glänzender Politur, sind mit sinnigem Bedacht geordnet, und so aufgestellt, als ob sie den Körper ihres Trägers noch jetzt umschlössen. Wenn wir in den Kreis dieser Gewappneten eintreten, die mit geschlossenem Visir Mann an Mann stumm und regungslos an den Wänden umherstehen, oder in der Mitte des Saals sich zusammendrängen, und deren feste Kette nur hier und da von einem gepanzerten Rosse durchbrochen wird, in dessen Sattel der geharnischte Reiter stolz in die Höhe ragt: so durchzittert uns ein Gefühl, als ob wir unter die Schatten schon längst vergangener Jahrhunderte träten, und die Thaten Aller, die in den hohlen Rüstungen gekämpft und gewirkt, steigen mit gespenstigem Leben um uns herauf. Der Führer nennt uns Jedweden mit seinem Namen, und als riefe er die Todten wieder wach, so ziehen sie in langer Reihe an uns vorüber, die Reiter, und die Ritter zu Fuß, und keiner von Allen verschweigt uns jetzt mehr, was er im Leben Gutes oder Uebles gethan hat: Herrmann der Sängerfreund, Ludwig der Heilige, Herzog Johann von Weimar, Papst Julius II, Ritter Feige von Bomsen, — auf stolzen Rossen; zu Fuß: Kunz von Kaufungen*), die geraubten Prinzen Ernst und Albrecht mit ihrem Pagen, dem

*) Ritter Kunz von Kaufungen und mehrere Genossen, raubten im Jahre 1455 vom Schlosse zu Altenburg die sächsischen Prinzen Ernst und Albrecht, die Stifter der beiden sächsischen Hauptlinien, nebst ihrem Leibpagen, dem Grafen von Barby. Von einem Köhler, Namens Triller, angehalten, wurde der Räuber eingefangen, und nachdem die Prinzen den bekümmerten Eltern zurückgebracht waren, öffentlich enthauptet. Die Geschichte nennt diese That den sächsischen Prinzenraub.

Grafen von Barby, Wilhelm von Schönfels, Kunzens Genosse, Götz von Berlichingen mit der eisernen Hand, Friedrich der Weise, Johann der Beständige, Ludwig der Springer, Ludwig der Eiserne, Heinrich Raspe, Heinrich der Erlauchte, Albrecht der Unartige, Kunigunde von Eisenberg, Apitz, Friedrich der Gebissene, sein Bruder Diezmann; — alles solche, die der Mehrzahl nach in die Geschichte der Burg verwoben sind.*)

Einen ganz verschiedenen Eindruck macht die friedliche Burgkapelle auf uns: die Kanzel, von welcher Luther dem kleinen Hörerkreise das reinere Evangelium gepredigt; das schlichte fürstliche Chor mit den Wappen des Stammes; ein altes Gemälde, das uns Elisabeth's Wirken vor Augen führt, künstlerisch zwar

*) Für die Richtigkeit dieser Aufzählungen, die überhaupt sehr fraglich erscheinen, kann ich nicht bürgen. Die Angaben der Reisebücher weichen von denen des Führers wesentlich ab, und die letzteren war ich nicht einmal im Stande, mir gehörig aufzuzeichnen, da wir beim Besuche der Wartburg mit wahrhaft beängstigender Hast aus einem Raume in den andern getrieben wurden, anscheinend, damit der Führer unserer nur ledig würde. Im Vertrauen, daß man mir bei meiner Arbeit überall mit derselben Freundlichkeit entgegen kommen würde, mit welcher, wie ich dankbar erkenne, der Herzoglich Gothaische Regierungs-Präsident Herr Heß und der Großherzoglich Weimar-Eisenachische Bezirks-Direktor Herr von Schwendler mich vielfach belehrt haben, wandte ich mich deshalb zur Lösung meiner Zweifel an die Kommandantur der Wartburg, erhielt aber von dorther nicht die gehoffte Auskunft. Dies beklage ich um so mehr, als selbst das erschöpfendste Werk über den Gegenstand, der von dem Herrn von Arnswaldt und dem Dr. Kiepert, über die Gegend um Eisenach und die Wartburg herausgegebenen Plan nebst Wegweiser, hierüber gar nichts enthält, so daß ich auch aus diesem keine Belehrung schöpfen konnte. D. Verf.

werthlos, doch als fromme Erinnerung von hoher Bedeutung. Auch die Fürstlichen Zimmer umschließen manches Schätzbare: die Bilder Luther's und Melanchthon's von Lukas von Cranach, der heiligen Elisabeth von Fräul. Seydler in Weimar, einer Episode des Sängerkampfs von Simon in Berlin gemalt; einen kunstvoll geschnitzten Schrank von Albrecht Dürer, zwei prächtigere Rüstungen: des Königs Heinrich II von Frankreich, und der Gemahlin Friedrich's des Gebissenen, Agnes von Tyrol. — Der Rittersaal im hohen Hause, der Schauplatz des Sängerkampfs, bietet bis jetzt noch wenig mehr, als seinen ungeheuren Raum. Allein, wie an dem ganzen Gebäude, so regen sich auch hier die geschäftigen Hände, um ihn seiner Erinnerungen würdig in großartigster Weise herzustellen, und dem nach, was sich gegenwärtig schon erkennen läßt, verspricht er ein vollendetes Werk zu werden.

Das Köstlichste aber von Allem bleibt das Zimmer Luther's, das stille trauliche Gemach, in dessen Fenster die scheidende Sonne ihr letztes Gold wirft. Die Wände ziert nur schmuckloser Hausrath*), der schon dem Reformator gedient. Doch er verleiht ihnen einen Glanz, wie ihn der stolzeste Prunk nicht geben könnte. Von welch seliger Gottbegeisterung war

*) In dem Lutherszimmer befindet sich noch jetzt ein alter Lehnstuhl, ein kleines Bücherspindchen und ein zu einer Fußbank benutztes Knochenstück, die Luther selbst im Gebrauche gehabt. Außerdem werden dort gezeigt: die Bildnisse seiner Eltern, seine eigene Büste, ein Bettgestell, in welchem er bei einem Besuche in Rudolstadt geschlafen, ein Tisch aus dem Hause seiner Eltern in Möhra, und ein Block von dem Holze der Luthersbuche (vergl. 7. Reisetag Seite 118). Als Erinnerungsgabe an das Zimmer verkauft man Bibeln, à 9 Sgr., mit dem Stempel der Wartburg.

dieses Zimmer der Zeuge! Wie geweiht erscheint es uns durch hohe Gedanken und kräftige Entschlüsse! Allein welch furchtbare Seelenkämpfe mußten seine Mauern auch schauen; wie oft belauschten sie die quälenden Zweifel eines geängstigten Herzens! Denn wohl war es ein schwerer Kampf, wenn die Versuchung in jeder Gestalt herantrat, als irdische Gunst, als Elend, als Körperschmerz, selbst als leiblicher Tod; und er erheischte die männlichste Kraft, wenn sie gar in des Bösen eigener Gestalt sich nahete*), und das mit tückischem Hohne zu vertilgen drohte, was in der Brust als ein Unsterbliches lebte. Doch Luther ging als Sieger hervor, sein Fels und seine feste Burg war Gott! — Daher die tiefe Wehmuth, die uns in dem stillen Gemache durchdringt; darum ihr langes Nachzittern, wenn wir es längst schon verlassen haben, und von der frischen Gegenwart wieder umfangen sind.

Denn auch sie drängt sich hier mächtig an uns heran, von Berg und Thal, von Bach und Wiese, von Stadt und Dorf. — Vom Fuße der Burg ab, an jedes Fenster in den weiten Gebäuden vorüber, begleiten uns überall die reizendsten Bilder und Fernsichten. Am herrlichsten aber entfaltet sich das weite

*) Es ist eine, durch die Untersuchungen des berühmten Irrenarztes, Geheimen Medizinal-Raths Prof. Ideler in Berlin, festgestellte Thatsache, daß Luther in seiner Phantasie sich oft dem Teufel selbst gegenüberstehend glaubte, und lange Gespräche mit ihm führte, in denen er den furchtbarsten Seelenkämpfen ausgesetzt war. Daß er mit klarem Geiste dieses Wahnbild endlich niederkämpfte, und der Verfolgung seines erhabenen Zieles treu blieb, ist Zeuge seiner höchsten moralischen Kraft. Auch die Geschichte mit dem Werfen des Dintenfasses nach dem Teufel ist Wahrheit. Der Fleck an der Wand aber ist jetzt übertüncht.

Gemälde von der Plattform des Wartthurms, der hart an der Kante des senkrechten Burgfelsens in einen gewaltigen Abgrund hinunterschaut. Ein Rundblick von unbeschreiblich anmuthiger Eigenthümlichkeit stellt sich hier dem Auge dar: die Berge und Thäler ringsum; die dazwischen geschlungenen Dörfer und Städte mit lachenden Gartenumkränzungen; die Wiesen, von spiegelnden Bächen und Teichen durchblitzt; die Felsengestalten in den grünenden Wäldern; die duftig blaue Ferne, die hie und da über die Höhen steigt: ein Bild, wie es kaum lieblicher und großartiger in dem ganzen Gebirge sich wiederfindet. Auf Eisenach wird sich eines Jeden Blick zuerst niedersenken. Um den nördlichen Fuß des Burgberges geschmiegt, streckt es seine Arme weit in das Marien- und Hörschelthal aus, und läuft mit Gärten und Landhäusern an die Berglehnen hinan. Vor ihm, aus dem waldigen Kamme des Mädelsteins, ragt ein Felsengeschwisterpaar hervor, als ob es zum Kusse gegeneinander sich neigte. Die Sage läßt es einen Mönch und eine Nonne sein, die aus benachbarten Klöstern sich hier in Liebe zusammengefunden, und zum ewigen Kusse in Stein verwandelt worden. Hinter der Stadt erst Hügel, dann endlose Fläche. Gen Osten schweift das Auge in das Marienthal und zu dem bedeutungsvollen M an der Felsenwand des Breitengescheid's hinab; darüber hinaus auf die Hörseelberge, und hinter der Gegend um Gotha und Waltershausen auf die Ruinen der Gleichen; dann (rechts) auf das Gebirge zu dem gewaltigen Haupte des Inselsberges empor, und jenseits hinab über die Berge von Ruhla, bis zu den Domen der Rhön, die hinter den waldigen Vorbergen im Süden und Südwesten hervortauchen. Von diesen umschlossen liegt freundlich zu unsern Füßen das stille Thal der Silbergräben. Gen Westen umsäumen die Hessischen Gebirge die reichbewohnten Thäler, welche sich von den Ufern der Hörschel bis in die Nähe der Burg hinziehen, und hier wieder an Eisenach anschließen.

Wir steigen von dem Thurme hinunter und verlassen die Wartburg. An ihrem Fuße begrüßen wir von der östlichen Spitze des Felsenskamme vor ihrem Thore Eisenach und seinen Bergeskranz zum letzten Male von der Höhe herab. Unser Weg, anfänglich die Fahrstraße, bringt uns — wo diese bald in Krümmungen am Berge hin und her zieht — an nicht zu verfehlende abkürzende Fußsteige; auf ihnen, an einer parkähnlich eingerichteten Anhöhe, Rösens Hölzchen, vorüber in eine lange Gartenhausstraße; und hier geradeaus in ¼ Stunden in das Predigerthor von

Eisenach.

Die altersgraue und doch freundliche Stadt, die größte und volkreichste des Thüringer Waldes, an dessen nordwestlichem Eingange sie am Zusammenflusse der Nesse und Hörschel hart am Fuße der Berge liegt, zählt in etwa 1500 Häusern gegen 12000 Einwohner. Ihre erste Geschichte hüllt sich in mythisches Dunkel, die Stadt muß aber schon zu Attila's Zeiten, wenn auch an einer andern Stelle, mehr östlich am Petersberge gelegen, vorhanden gewesen sein. Im Jahre 1050 ungefähr, nach einem großen Brandunglücke, scheint man sie an ihrem jetzigen Platze aufgebaut zu haben. Vielleicht geschah dies durch den Vater Ludwig's des Saliers, durch Ludwig den Bärtigen, dessen Steinbild über dem Nikolaithore angebracht ist. Mit dem Baue der Wartburg begann ihre schönste Blüthe. Die Landgrafen liebten und begünstigten sie, namentlich war Herrmann der Sängerfreund ihr reicher Wohlthäter. In den Kriegen nach Raspe's Tode erlitt sie vielerlei Ungemach, da sie den Hauptschauplatz der Fehden zwischen Heinrich dem Erlauchten und Sophie von Brabant bildete. Die Geschichte bewahrt uns aus diesem Kriege einen rührenden Zug ihres standhaften Rathsherren, Heinrich von Velsbach, der, auf einer Wurfmaschine von der Wartburg geschleudert, noch durch die Luft fliegend ausrief: Thüringen gehört doch dem Kinde von Brabant! — Auch der Kampf zwischen Albrecht und seinen Söhnen kostete der Stadt große Opfer. Nach dem Erlöschen des Landgrafenstammes fiel sie an Weimar, erhielt dann im Jahre 1587 eigene Herzöge, und kam nach deren Aussterben 1741 an Weimar zurück, dessen zweite Hauptstadt sie nun wurde. Im Anfange des 16. Jahrhunderts lebte hier der Mönch Johann Hilten, der Luther's Auftreten voraus verkündete. Unter den eigenen Herzögen blühete Handel und Gewerbe mächtig auf; der 30jährige Krieg aber brach ihren Flor. Ihren größten Unfall erlitt sie am 1. September 1810, an welchem Abends 9 Uhr ein französischer Pulvertransport in der Georgenstraße explodirte und großes Verderben anrichtete. Ein Brautpaar soll zu jener Stunde auf einem Sopha in einer Stube gesessen haben, und mit diesem unversehrt durch die einstürzenden Wände auf die Straße niedergetragen worden sein. — Gegenwärtig hat Handel, Gewerbe und Fabrikwesen in ihr wieder einen kräftigen Aufschwung genommen. Die Stadt ist auch in neuerer Zeit der Aufenthalt der verwittweten Herzogin von Orleans geworden, und selbst der Großherzogliche Hof scheint sie bisweilen wieder als Residenz benutzen zu wollen.

Wie anmuthig in dem liebenswürdigen Thale ihre Lage ist, das hat sie uns von der Wartburg aus gezeigt; allein auch in ihrem Innern ist sie freundlich und umfaßt zahlreiche, für eine Mittelstadt immerhin stattliche Gebäude und Plätze. Ueberhaupt zeichnet sie sich durch eine ungemeine Nettigkeit und Sauberkeit aus. Vor allen sehenswerth ist ihr Hauptmarktplatz, der Mittwochsmarkt, mit dem Großherzoglichen Schlosse, der Georgenkirche und dem Standbilde ihres Schutzpatrons, des Heiligen Georg. Auch unweit des Marktes das Haus, in welchem Luther als Currendeknabe gewohnt, verdient als historische Merkwürdigkeit der Beachtung; ebenso der Explosionsplatz in der Georgenstraße. In ihren näheren Umgebungen, für welche außer der Natur, auch die berechnende Thätigkeit und der Geschmack ihrer Bewohner sehr vieles gethan hat, ist der Karthausgarten ein hoher Schmuck: ein botanischer Garten mit herrlichen Anlagen und Gewächshäusern, unter der Aegide Karl August's von Weimar für die Oeffentlichkeit eingerichtet. In seiner Nähe ist das liebliche Johannisthal. Anderer Gärten, deren die Stadt in großer Fülle und von hoher Schönheit besitzt, gedenken wir nicht.

Nachdem wir in dieselbe eingetreten, beschauen wir, Plätze und Straßen durchwandernd, was uns als merkwürdig bekannt geworden. Der Eindruck, den wir empfangen, ist äußerst befriedigend. Hierauf gönnen wir uns kurze Stunden der Ruhe*), um alsdann noch das fernste Ziel des heutigen Ausfluges,

die Hörseelberge

zu besuchen. Am nördlichen Ufer der Hörschel, zwischen den Dörfern Sättelstädt und Eichrodt, liegt ein ungefähr zwei Stun-

---

*) Eisenach besitzt mehrere sehr gute Gasthöfe, welche zwar mit allem Comfort versehen, aber äußerst theuer sind. Eine rühmliche Ausnahme macht der Anker, in der Karlstraße, welche vom Mittwochsmarkte zum Nikolaithore führt. Hier sind wir für billige Preise ganz trefflich bewirthet worden, à Couvert 7 Sgr. 6 Pf. der Mittagstisch.

den langer, aus mehreren kahlen und schroffen Muschelkalkbergen bestehender Höhenzug — die Hörseelberge — welche in das weite fruchtreiche Thal, das sich gen Süden von ihrem Fuße bis ans Hochgebirge ausdehnt, wie eine lange hohe Mauer hinabschauen. Ihre gelbgrauen Felsenwände, nur spärlich von Grün umrankt, flüstern in den Lüftchen, die durch ihre Hörner und Zacken säuseln, dem Beschauer schon selber die Ahnung zu, daß ein geheimnißvolleres Walten sie umwehe. Es ist, als wären sie durch dämonische Kraft aus den frischen Wiesenteppichen herausgetrieben, in deren Mitte sie emporsteigen. Und die Sage umklammert sie auch aus jeder Felsenspalte mit ihren zierlichsten Schlingpflanzen. So viele der duftigen Mährchen im Thüringerlande die Thäler und Burgen umflattern, um die Hörseelberge herum spielen die lieblichsten und die schaurigsten, und, wie sie der Dichtung aller Jahrhunderte gar manchen blühenden Inhalt gegeben, so wandern sie auch jetzt noch im Volke von Mund zu Mund. Hier glüht im tiefen Schooße der Erde das unterirdische Fegefeuer; aus ihnen stürmt nächtlich das wilde Heer, Grausen und Entsetzen verbreitend; hinter ihren Wänden thront, von sinnenberauschender Lust und Herrlichkeit umgeben, in krystallenen Sälen Frau Venus, die heidnische Götterfrau, vom Volke auch Frau Holda, Frau Holle genannt, und lockt noch heute die Ritter und Wanderer in ihr umgarnendes Liebesnetz; an dem Munde der Höhle, die in des Felsens Tiefe führt, hält der getreue Eckart sorgsame Wacht, und warnt die Bethörten vor der ewigen Verdammniß, die sie erwartet, wenn sie hinabsteigen: doch der Warnung achtlos, stürmte der Tannhäuser hinein, und schwelgt nun am nächtlichen Liebeshofe, von des entzückenden Weibes Armen umschlungen, in ewiger Minnelust; und locken die weltlichen Händel, Turniere und Thatenlust, den Ritter bisweilen ans Licht der Sonne hinaus: bald kehrt er freudig und getrost in den Schooß des Berges zurück, der — köstlicher als alle Paläste der Erde — sich schnell hinter ihm schließt.

Die reichste Stätte aller dieser Sagen ist zwar die Felsenhöhe, welche über Sättelstädt sich erhebt, sie schmücken aber auch die sämmtlichen Berge des kleinen Zuges, und — da jene uns für heute zu entfernt ist — so begnügen wir uns, wenigstens den nächsten der Berggipfel, den großen Hörseelberg, zu besteigen, und lassen die geheimnißvollen Zauber auf ihm zu gleicher poetischer Begeisterung sich an uns drängen. Ein Vortheil, den dies Genügen uns beut, ist die herrliche Aussicht, die vom Haupte unsers Erwählten sich reicher, als sonst auf der gesammten Kette, vor uns entfaltet.

Der Bahnzug, den wir gegen Abend benutzen können, bringt uns von Eisenach in wenigen Minuten nach Wutha; ein Feldweg, nordwestlich, in gleicher Frist von dort an den Fuß des Berges. Der Blick von seinem Gipfel nieder ist wundervoll. Von Eisenach schweift er das Gebirge entlang, das, ein weites waldiges Halbrund, vor uns liegt, und nach Osten zu in blaue Wolken duftig zerfließt: eine majestätische Umfriedung der lebendigen Ebene zu unsern Füßen. Doch die Sonne beginnt zu sinken; die Berge umdunkeln sich; nur den Inselsberg küßt noch ein scheidender Gluthstrahl; am Himmel flattern geröthet die Lämmerwölkchen umher; aus tieferen Thälern steigen schon leise Nebel empor. Das ist die Zeit, wo die Sagen des Berges lebendig zu werden beginnen; mit schaurig poetischem Reiz durchwehen sie das Gemüth, und wie Träume spielen sie uns in der Seele.

Bald sind die Gebirge vor uns nur dunkle Kolosse, und die Ebenen in nächtige Dämmerung gehüllt. Da steigt der Mond hinter den mächtigen Höhen empor. Sein Strahl leuchtet uns vom Berge nieder, und auf bekannter Straße, im Thale des Erbstroms, der Heimath zu.

Neunter Reisetag.

Der Meisenstein, das Emsethal, der Lauchagrund, die Marienhöhle, Friedrichsroda, die Schauenburg, Reinhardsbrunn, Schnepfenthal, Waltershausen, Schloß Tenneberg.

Auch bei Lustreisen, wenn man sie zurücklegt, wie wir — in Tagesspaziergängen — wird es sich als eine ersprießliche Vorschrift bewähren, den Genuß des Schönsten bis aufs Ende zu versparen. Gleicht doch für ein empfängliches Gemüth jede solche Reise einer herrlichen Dichtung, nur daß hier die Hand des Allmächtigen selbst die Worte schrieb, und Gluth und Leben über die Bilder goß. Und wie ein Dichterwerk uns minder mit 'sich fortreißt, wenn seine Schönheiten zum Schlusse hin nicht zu erhöhterem Glanze aufwachsen: so wird auch bei der interessantesten Reise die Schaulust allmälig ermatten, wenn den schönen Bildern nicht immer herrlichere sich anreihen, und den Genuß uns frisch erhalten. Drum, was uns ein Jeder als den bezauberndsten Platz im Thüringer Walde geschildert hatte, das Thal von Reinhardsbrunn, den glänzenden Sommersitz des Herzogs von Gotha, das sollte der Inhalt des letzten unserer weiteren Ausflüge sein. Und wohl hatte der Ruf uns nicht zu viel verkündet. Theils in sich selbst, theils durch den reizenden Kranz seiner Umgebungen, gehört Reinhardsbrunn zu den süßesten Stellen, welche die verschwenderische Natur für den Menschen schmückte. — Welch reiche Fülle beut sich daher zum Mitgenusse dar! — Doch wie schwer ist die Wahl, wo nur die Frist eines einzigen Tages uns bleibt, und neben dem Genusse auch manche Entsagung gebieterisch fordert. Wir könnten ja in den süßromantischen Thälern, die hier den Fuß des Inselsberges umschlingen, Tage lang schweifen, und immer würden wir von erneuter Entzückung beseligt werden. Nirgends entfaltet sich der Zauber des Gebirges in herrlicheren Zügen, und wenn man in Kurzem gar scheiden muß, so ist es doppelt schmerzlich, hier zu verzichten, und von so vielem Genusse sich vergeblich umblühen zu lassen.

Allein die Rücksicht auf die Zeit lenkt heute unsere Schritte nur zu dem Hervorragendsten hin, und wenn wir bei dem Ausfluge nach Reinhardsbrunn noch die in das Emsethal hinunterblickende imposante Felsenwand des Meisensteins, den Lauchagrund, die Marienhöhle, die Bergstadt Friedrichsroda, die Wiege der Thüringer Landgrafen: die Schauenburg, den Wirkungsschauplatz Salzmann's: Schnepfenthal, das Städtchen Waltershausen und das Bergschloß Tenneberg in unsern Weg hineinziehen, so können wir jedem dieser Orte, die eines längeren Besuches wohl würdig wären, ohnehin nur eine sehr kurze Frist widmen. Ja, wir müssen selbst dann noch uns der Beihilfe eines Wagens bedienen, und zu früher Stunde von Ruhla aufbrechen.

Wer es unternimmt, das, was wir in dem Einen Tage gesehen, durchweg zu Fuß zu bereisen (und für solche geben wir auch hier die Wege an) der wird unbedingt einen Zeitraum von zwei Tagen nöthig haben und in Reinhardsbrunn oder

Friedrichsroda *) übernachten müssen. Will er auf den Ausflug nur Einen Tag verwenden, so wird er entweder die Schauenburg und die Berge um Friedrichsroda nicht besuchen können, oder — falls er nicht die Eisenbahn bis Wutha **) zur Rückfahrt benutzt — auf Schnepfenthal, Waltershausen und Schloß Tenneberg verzichten müssen. Von Reinhardsbrunn kann er dann über Groß- und Klein-Tabarz nach Schwarzhausen gehen, und sich dort der Straße anschließen, die auch wir zur Rückreise wählen werden. Sie wird ihm gleichfalls gar viel des Herrlichen darbieten.

Der Weg zur Felswand des Meisensteins, unserm nächsten Ziele, kann ein dreifacher sein. — Durch Heiligenstein und Thal, und von dort im Grunde der Thale hinauf ***), über deren höchster Quelle der Porphyrblock aufsteigt: ein poetisch reizender Weg, am Ufer des murmelnden Baches, auf der schmalen saftiggrünen Matte, umhüllt von den überschattenden Kronen der Buchen, hoch eingeschlossen von den Wänden der Berge,

*) In Friedrichsroda übernachtet und speist man am besten im Gasthofe zum Stern, der Post; in Reinhardsbrunn ist nur ein einziges, aber sehr gutes Gasthaus.

**) Einzelne Züge der Thüringer Bahn, die man in dem oft abgeänderten Fahrplane nachsehen muß, halten bei Wutha an. Von Waltershausen geht zu jedem vorübergehenden Zuge der genannten Bahn nach Fröttstädt eine Pferdebahn ab, von der noch weiter unten die Rede sein soll.

***) In die Bergwände dieses reizenden Grundes haben wir oberhalb Kittelsthal schon einmal hineingeschaut, und ihnen im vierten Reisetage, Seite 41, Zeile 6 von oben, eine nähere Beschreibung gewidmet.

die sich bis an den Fuß der Steinwand hin immer enger und enger zusammendrängen, und dem Wanderer zuletzt kaum einen Durchgang mehr verstatten. Doch können einige andere Gewässer, die aus Nebenthälern herabrieseln, uns hier gar leicht von der rechten Straße ableiten; drum — wenn zunächst zwei Bäche zur Rechten vom Schoßberge, dann ein dritter von links her zwischen dem Wartberge und dem Mittelberge, und endlich, abermals rechts, ein vierter aus einer Schlucht des Nesselrains in die Thale einmünden: so hüte man sich, am Ufer irgend eines derselben weiterzugehen, da sie insgesammt nach andern Richtungen hinführen. Am sorgfältigsten merke man bei dem dritten, von linksher kommenden Gewässer auf, das leicht für die Thale selbst gehalten werden kann, da letztere bei seiner Einmündung scharf rechts ab biegt. — Ein zweiter Weg verläßt Ruhla an seinem oberen Ende, indem er noch in den letzten Häusern sich von der Altensteiner Chaussee links abzweigt. Er führt auf einer ausgefahrenen Waldstraße unterhalb der Reuterberge, mit einem Seitenblicke auf den rechtsliegenden Gerberstein, durch Wiesen und Forst, in einen breiten Fahrweg (die Weinstraße, den früheren Verbindungsweg zwischen Altenstein und Waltershausen), und auf Letzterem nach links hin, am Fuße des Nesselrains, gerade auf den Meisenstein zu. Oede und uninteressant, und nur selten von einem lebendigeren Blicke durchbrochen, zieht er sich fort. Und wenn er auch um eine halbe Stunde näher ist, als der Erstere, auf welchem der Fußgängen den Felsblock erst nach zweistündiger Wanderung erreicht, so würden wir jenen doch immer als den genußreicheren wählen.

Wir schlagen, des Wagens halber, heute den dritten, den eigentlichen Fahrweg ein, der uns über Thal und Seebach in 1½ Stunde nach Schmerbach bringt. Hier — dicht vor dem Dorfe absteigend — biegen wir (rechts) in die Weinstraße, bald aber (wiederum rechts) in einen Fußsteig ein, auf dem wir die sanfte Anhöhe hinan in ungefähr 15 Minuten bis auf den Gipfel

des Meisensteins

gelangen, einer mehr als 200 Fuß hohen, freistehenden Porphyrwand, die, mit ihrem Rücken an unsern Berg gelehnt und von ihm aus leicht ersteiglich, mit ihrer vorderen Seite senkrecht in das Thal hinunterfällt. Schwindelnd schauen wir in die fürchterliche Tiefe hinab. Ein dunkler, unheimlicher Waldgrund umzieht den einsamen Fuß des Steingebildes, und kein Laut, als ein schwaches Rauschen der Bäume nur dringt zu uns herauf. Doch welch ein Zauber, wenn der Blick sich erhebt, und von dem hohen steinumkränzten Altane frei hinaus in die Weite schweift! Da thürmen ringsum Berge auf Berge sich auf, und stolz blickt das gewaltige Haupt des Inselsberges über sie herab. Und zwischen ihnen öffnen die Thäler sich, hier lachend und sonnenumglänzt, dort düster und ahnungsschaurig. In langer Schlucht erschließt sich (rechts) der süßumhüllte Grund, der über Thal hinaus nach Moßbach zieht. Von sanften Hügeln umringt, breitet sich das Thal der Emse (links), im Morgenglanze schimmernd, aus. Und von der fernen Fläche winkt der stolze Friedenstein uns zu. In Licht und Schatten ein herrliches Landschaftsbild, durchweht von des Waldes süßester Romantik! Der Steinkranz, der hier und da von der Natur selbst um den Gipfel des Felsens geschlungen worden, verstattet uns, es lange und gefahrlos anzuschauen.

Dann steigen wir auf dem früheren Pfade wieder hinunter, und gehen auf der Weinstraße bis an den Fuß des Steins, der hier mit furchtbarer Majestät über uns hinragt. Die Straße spaltet sich unter ihm; links, abwärts durch die Berge, führt sie uns in drei Viertel Stunden nach Winterstein, in

das Emsethal

nieder.*) Wäre es uns doch vergönnt, diesen herrlichen Grund mit zu durchwandeln! Wie sämmtliche Thäler, die sich in reicher Zahl ihm anschließen, zieht er sich zwischen steilen bewaldeten Berg=

*) Das Thal der Emse, mit seinen Nebenthälern, unter denen sich das der Sembach und des Wintersteiner Grabens, als besonders benannter Flußthäler hervorthun, gehört, wie alle Thalgründe, welche sich im Norden um den Inselsberg ziehen, zu den schönsten des Gebirges, und ist durch seine steilen Bergwände und romantische Felsengebilde nicht minder, als durch die Lebendigkeit der Gewässer ausgezeichnet. Der Scharfenberg, der Tröhberg, der Dielberg, der Hopfenberg, der Breitenberg und die Hohe Haide umgeben dasselbe.

An seinem Ausgange, zwischen dem Diel= und dem Hopfenberge, liegt das Gothaische Dorf Winterstein, dessen ächt gebirgige Lage unsere Aufmerksamkeit schon vom Inselsberge her auf sich gezogen hatte, mit einer Kirche und drei Rittergütern. Dieselben gehören insgesammt der Familie von Wangenheim, einer der berühmtesten in Thüringen, deren Glieder in der Geschichte des Landes seit Jahrhunderten eine hervorragende Rolle gespielt haben, und die am Herzoglichen Hofe auch jetzt noch die höchsten Ehrenstellen bekleiden. Das alte Stammhaus der Besitzer ist gegenwärtig eine Ruine, doch waltete dereinst auch in ihm ein heiteres, geistvolles Leben, und der alte Rittersitz trug manche Spuren der fröhlichen Anwesenheit der Fürsten des Landes, die hier Erholung von ihrer Herrschersorgen und freundlicheren Lebensgenuß bei ihren Lieblingen suchten. Interessant ist neben den alten Mauern der Grabstein eines Hündchens, das durch seine Treue sich hervorgethan, und die Familie einmal vor großer Gefahr beschützt hatte. Oberhalb des Dorfes, das gegen 700 Einwohner zählt, stand ehedem ein altes Raubschloß, von dem nur noch einige Mauerspuren übrig sind.

wänden hinab, mit schroffem Absturz bis zur Fläche. Gar wunderbare Felsgebilde schauen von oben herein, und lauschen stumm, wenn unten die Buchen und Tannen geschwätzig plaudern, und der brausende Waldbach seine jubelnden Lieder emporjauchzt. Von Zeit zu Zeit steigen gespenstige Nebelbilder aus den düsteren Abgründen hinauf, und im wirren Tanze um die Felsengestalten raunen sie ihnen die Mähr von vergangenen schrecklichen Tagen ins Ohr. Das erschüttert die grauen Häupter gar sehr, und wenn sich schnell wieder ein frischerer Windhauch erhebt, und die Nebel verflattern, so küßt die Sonne die Thränen ab, die sie dabei geweint haben.

Drum hätten auch wir gern ein Wörtchen mit ihnen geplaudert, doch zwang es uns, vorüber zu eilen, und in raschem Fluge trägt uns der Wagen, den wir hieher beschieden, auf geebneter Kunststraße, durch üppige Fruchtgefilde, am Fuße des Hopfenberges und Hübels vorüber, durch Fischbach und Kabarz, in die herrlichste Flur des Gebirges, in

den Lauchagrund.

Waren wir kaum dem Umkreise entronnen, wo im Herzen des Waldes uns Abgründe, Felsen und Berge eine Fülle von schaurig-schönen Genüssen gewährt hatten, so erschließt sich uns nun ein Bild der seligsten Beglückung. Der Lauchagrund, der schon zum Uebelberge hinauf süß schmeichelnd sich an uns gedrängt hatte, ist ein vollendetes Werk der zauberisch schaffenden Natur. Ein enger, hie und da durchbrochener Kranz von majestätischen waldigen Bergen *); in seinem Schooße ein sanfter

*) Der Lauchagrund (in seiner engeren Bedeutung der reizende Thalkessel am Fuße des Hochgebirges) wird umgeben im Süden von dem Hübel, dem Dalenberg und dem Zimmerberg; im Osten von dem Querberg und

Wiesenteppich, der, von spiegelnden Gewässern durchblitzt und mit anmuthreichem Gebüsch geschmückt, um die Dörfer*) sich schlingt, die mit hellen Wänden und rothen Dächern durch die Kronen der Bäume schauen. Und zwischen den Bergen — wo sie gen Süden höher und höher sich thürmen, und gleich Riesenterrassen bis zum Gipfel des Inselsberges hinaufsteigen — die Pforten der Thäler, an denen die Felsen als ewig stumme Wächter stehen. Und aus ihnen hervorbrausend die tanzenden Bäche, die bald aber mit sanfteren Wellen die Blumen an ihren Ufern benetzen. Die seligste Poesie reizender Thalnatur!

---

dem Striemelsberg; im Norden von den Vorbergen zwischen Langenhayn und Schwarzhausen; im Westen vom Nonnenberge. Auf der Seite des Hochgebirges öffnen sich in denselben die pittoresken felsigen Thäler des Mühlbachs mit der Felsenpartie der Windlöcher, und der Laucha mit dem Felsenthale. Beide Flüßchen durchströmen in reichen Baumumkränzungen den herrlichen Grund, und vereinigen sich an seinem Ausgange.

*) Im Lauchagrunde liegen die vier Gothaischen Dörfer, Kabarz mit ungefähr 700, Groß-Tabarz mit 600, Klein-Tabarz mit 130, und Nonnenberg mit ungefähr 100 Einwohnern. Durch die reizende Gruppirung, in welcher sie in dem schönen Thale umhergestreut sind, und wodurch sie ihm einen herrlichen Schmuck verleihen, haben sie gewissermaaßen eine Berühmtheit erlangt. Ihre Einwohner, großentheils wohlhabend, sollen gleichfalls fremde Einwanderer sein; sie zeichnen sich als ein schöner, kräftiger Stamm aus.

Von diesen Dörfern liegen Kabarz und Nonnenberg am Mühlbache, die beiden anderen an der Laucha. In Klein-Tabarz ist eine Forstmeisterei, ein leidlicher Gasthof, und ¼ Stunde abwärts davon das Landarmenhaus. — Auch in diesen Dörfern giebt es Sommerquartiere, in welchen der Fremde längere Zeit wohnen kann.

Wonnetrunken weilt das Auge auf dem paradiesischen Gefilde, und je weiter wir dringen, — im steten Wechsel beut sich uns immer erneute Schönheit. Bald in die Berge, bald über die Triften schweift der Blick; und dort — an Tabarz vorüber — in das Dunkel des Felsenthals, aus dessen Schooße auch uns schon hohe Erinnerungen entgegenwehen.

Jenseits des Dorfes spaltet sich der Weg, und der Wagen scheint auf das Innere des Thales zuzurollen; doch bald wendet er sich links auf die breite Chaussee, den Abhang des Zimmerberges entlang. Alles ist hier schon Park, und buschige Haine beginnen in zierlichen Gruppen mit dem sammetnen Schmelz der Wiesen zu wechseln. Der Ungeheure Grund öffnet sein weites waldiges Thor, und sendet uns sein rollendes Bächlein, das Badewasser, entgegen. Vorüberrauschend eilt es hinab, um unten den Feenpalast, Reinhardsbrunn, mit seinen kosenden Armen zu umschlingen. Wir sind in den Kreis des seligen Thales eingetreten, an dessen Brust das holde Kleinod ruht, und es kostet uns Entsagung, nicht hinabzustürmen, um uns schon jetzt an seiner Schönheit zu weiden. Doch zügeln wir noch unser Verlangen! Der Plan, der unser Leiter ist, fordert nicht minder sein Recht. Der Wagen eilt am Fuße des Schorn entlang, der buchenbewaldeten Lehne, die vom gewaltigen Abtsberge in das Thal gen Norden hinabsinkt. Bald öffnet sich rechts von uns ein kleiner waldumfriedeter Wiesenplan, der sich in sanfter Steigung am Schorn emporzieht. An seinem obern Ende unter Bäumen ruhen ländliche Hütten. Von unsrer Straße zweigt sich ein Fußpfad ab, der, durch einen Wegweiser an seinem Eingange bemerkbarer gemacht, theils durch das Gebüsch, theils auf der Wiese zu ihnen hinaufleitet. In ihrer Nähe befindet sich, tief unter der Erde, in den Gyps des Berges getrieben,

die Marienhöhle,

eine glänzende Katakombe, mit ihren reichkrystallenen Wänden eine hohe Zierde des Gebirges. *) Vor den Hütten ein freundlich überschatteter Platz ladet zur Rast und Abkühlung ein, die wie früher in Altenstein, so auch hier, dringend erforderlich ist. Ein herrlicher Blick senkt sich durch die Bäume über das Thal hinab, auf dessen Waldkranze die prachtvolle Fürstenburg, der Friedenstein, ruhet. Dann öffnet sich uns die Höhle, die man inzwischen erleuchtet hat.

Ein langer feuchter Stollen führt in ihr Vorgemach: eine kühne Wölbung in grauen Gyps gebrochen, wo Felsenblöcke ihre mächtigen Schatten von den Wänden an die Decke werfen. Am Fußboden führen Stufen in die Katakombe nieder. — Welch feenhafte Pracht empfängt uns hier unten! Ein enger Saal mit einem Seitengange; in seiner Mitte eine stolze Säule, die oben palmenartig ausgebreitet seine Wölbung trägt. An Decke und Wänden blitzende Krystalle, die vielkantig, scharfgezackt, und in seltsamen Formen, in ihren unzähligen Spiegeln den Lichtglanz brechen, und ihn in farbigen Schimmern zurückwerfen. Ach, wie glänzt und strahlt das Alles von tausend und

*) In dem reichen Gypslager des Schorn befindet sich ein Gang von Blättergyps (Marienglas, Fraueneis), in welchen diese Höhle gebrochen ist. Man muß dieselbe bei Beleuchtung besuchen, und je reicher die Letztere, desto feenhafter ist der Eindruck. Da jedoch die Bergleute selten Lichter genug im Hause haben, so thut man am besten, solche mitzubringen, je mehr, je besser. In Tabarz, Friedrichsroda oder Waltershausen sind sie auch zu kaufen. Während man sich vor der Höhle abkühlt, läßt man die Beleuchtung besorgen.

abertausend blitzenden Demanten! Wie flattern, den Krystallen entsprühend, die farbigen Funken an den Wänden umher; wie verschlingen sie sich ringsum zu leuchtenden Kränzen! Wären die Quellen*) nicht, die den Boden bis zum Uebermaaß netzen, einen köstlicheren Prunksaal könnte kein Fürst der Erde bewohnen! Von solcher Pracht durchglüht muß der Palast gewesen sein, darin die alte Geisterkönigin, die in längstvergangener, sagengrauer Zeit über diese Berge gewaltet, unter ihren Gnomen und Hoffräulein gethront hat, und selig bewegt vom Glanze der unterirdischen Sonnen, die um sie her gestrahlt, muß sie von dort aus ihre Segnungen über die Fluren gespendet haben; — es könnte ja sonst Alles ringsumher nicht so herrlich sein! — O Natur, wie erhaben bist Du in Deiner Zauberschöne! Droben, wo die Sonne hinblickt, verstreuest Du Deine Smaragden, und tief in der Berge Schooße glühen Deine Demanten; und alle hast Du zu einem Kranze gewunden, der beredt, wie süße Klänge, uns ewig und ewig zuruft: zollet Anbetung dem Gotte, der so Großes schuf! —

Wieder zum Lichte hinaufgestiegen, eilen wir zum Wagen zurück, bedauernd, daß es den Bergleuten nicht gestattet war, uns eine der reizenden Krystallbildungen für unsere Sammlung mit zu geben. Durch den Wald weiter, kommen wir in Kurzem auf eine freie Anhöhe hinaus, zu deren Füßen — eine

---

*) Es ist Schade, daß der Fußboden in der Marienhöhle so naß ist, daß man mit Behaglichkeit kaum längere Zeit darin verweilen kann; allein man vermag des reichzuströmenden Wassers, unerachtet täglicher Ausschöpfungen, nicht Herr zu werden. Gleichwohl darf man die Höhle ja nicht unbesucht lassen! —

starke Meile von Winterstein entfernt — wir in einem anmuthigen Thalkessel

Friedrichsroda

erblicken. *) In dem Gasthofe zum Stern (der Post) verlassen wir auf einige Stunden den Wagen.

---

*) Die Bergstadt Friedrichsroda, am Eingange des Schilfwassergrundes gelegen, und mit einem Theile ihrer Häuser noch in die letzten, sehr hohen Berge desselben, den Gottlob und den Wolfsstieg, eingeklemmt, wurde im 11. Jahrhunderte von Landgrafen Ludwig dem Bärtigen, wenn auch zuerst als Dorf, gegründet. Nach seinem Tode kam sie an die Benediktiner-Abtei Reinhardsbrunn, und, nach deren Aufhebung zur Zeit der Reformation, an die Herzöge von Weimar, welche ihr gegen das Jahr 1600 Stadtrechte verliehen. Jetzt gehört sie zum Herzogthume Gotha. Ihre Einwohner, in 300 Häusern ungefähr 2500, ernähren sich hauptsächlich von Garnbleicherei und Bergbau, der hier in den Gruben am Gottlob und Wolfsstieg auf Eisen betrieben wird. Der Friedrichsröder Eisenstein ist sehr erzhaltig und wird viel verwendet. Für Mineralien-Kabinete ist der Glaskopf, der hier von großer Schönheit vorkommt, beachtenswerth.

In neuerer Zeit ist die Stadt ein Modesommeraufenthalt für Fremde, man kann sagen, vieler Nationen geworden, die, ohne daß ein Bad hier existirt, der gesunden Luft halber hieherkommen, und deren Zahl im letzten Sommer schon bis zu 400 Personen herangewachsen war. Die Einwohner haben ihre Häuser zur Aufnahme von Gästen nett eingerichtet, und die unmittelbare Nähe von Reinhardsbrunn mit seinen reizenden Spaziergängen macht den Ort auch in der That sehr behaglich. Für solche, die den nordwestlichen Theil des Waldes genau kennen lernen wollen, erscheint er aber weniger zweckmäßig, weil alle übrigen, bereits beschriebenen Partien, selbst mit einem Wagen zurückgelegt, von hier jedesmal mehr als einen Tag erfordern.

Nach den berauschenden Naturscenen, die sich in rascher Folge vor unsern Augen entfaltet hatten, wehete es uns, wie eine süße Beruhigung durch die Seele, als wir von unserm Hügel herab plötzlich das freundliche Städtchen vor uns ausgebreitet sahen. Auf dem frischesten Wiesenplane umhergestreut, und mit dem Rücken an die gewaltigen steilen Berge des Hochgebirges gelehnt, zieht es sich, an beiden Seiten von sanfteren Hügeln begleitet, zu der Fläche nieder, in welche sich das Halbrund des lieblichen Thales allmälig öffnet. Der üppige Laubwald, von dem wir bisher in fröhlicher Lust umduftet gewesen, weicht auf den Bergen von nun ab dem ernsteren Schmucke der Tannen. Giebt uns der Anblick der krausen und buschigen Wipfel das Gefühl der frischesten Jugendlust zurück, so mildert die Tanne den stürmenden Drang, und flüstert uns viel lieber seligen Frieden ins Herz. Darum ist das Bild, das sich hier vor uns entfaltet, auch so ruhig und leidenschaftslos, daß es zwar kein Aufjauchzen des Entzückens, wohl aber ein inniges, seliges Genügen erweckt. Und wenn wir nun gar die mächtigen Berggipfel besteigen, und von ihrer steilen Höhe herab die zierlichen Häuserchen auf dem sammetnen hügelumkränzten Wiesenteppich ruhen sehen, und auf dem Grünen rings umher die langen weißen Linnenbänder uns entgegen glänzen, und sich geschäftige Menschen zwischen ihnen umhertummeln, und sie mit frischer Quelle unabläßig netzen: so durchweht ein Frieden unser Herz, vor dem das Brausen jeder Leidenschaft allmälig schwindet.

Die entzückendsten Blicke auf das liebliche Thal, welche zugleich in reiche Fernsichten übergehen, erschließen sich von den beiden Bergkegeln, die als Eckpfeiler des engen Thors zum Schilfwassergrunde mit fast senkrechten Wänden in die Höhe sich thürmen: dem ehedem vulkanischen Gottlob (links von der Stadt) mit den mächtigen und keck hervorspringenden Felsenkolossen am Gipfel, und dem, gleich jenem, reicherzhaltigen Wolfsstiege. Auf ersterem, wohin sich der Weg aus dem Gasthofe von selber ergiebt, führen Parksteige, an der steilen Wand hin und her bis zum Gipfel hinauf, unter welchem ein Felsblock, der Katzenstein, den umfassendsten Hinausblick gewährt: das Thal zu den Füßen, die Vorberge um Reinhardsbrunn und Waltershausen, die Hörseelberge, die fernliegende Fläche — Alles in einen mächtigen Rahmen eingefaßt von dem Hochgebirge zur Seite und von der düsteren Thalschlucht, die uns zur Linken emporgähnt.

Zum Wolfsstiege geht der Weg aus der Stadt ebenfalls auf den Schilfwassergrund zu. Allein schon nach wenigen Häusern von unserem Gasthofe wendet er sich rechts in ein Gäßchen, und in diesem alsbald links, steil den Berg hinan. Er bildet zugleich die Straße nach Brotterode, und zieht sich nun — bis auf die Höhe immer nach links hindrängend — schroff und steinig am Rande des Berges allmälig um dessen Gipfel herum. Nach kurzem Emporklimmen öffnet sich über einem Abhange ein kleines Plateau mit Halden von Eisenstein. Hier tritt in seinen Schächten und Stollen mitleiderweckend das trübselige Leben des Bergmannes zu uns heran. Wie reich auch die Schätze sind, die er der Erde entlockt, ihm bringen sie keine Frucht, und sein bleiches, kummervolles Angesicht bekundet zu traurig, wie schwer ihm die Entsagung von Sonne und Lebensluft sein muß. Und wie seltsam! — als sollte sie ihm an dieser Stelle am bittersten sein: hier, wo das Auge in die nächtigen Schächte sich versenkt, und unten nur Dunkel und Graus erblickt, hier erhebt es sich zugleich über die seligste Ferne hin. — Ein Bild, dem dort drüben in Allem verwandt, und doch unendlich reicher, entfaltet sich vor uns. Allein das ist ja gerade die holde Eigenthümlichkeit dieses Gebirges, daß oft schon die benachbarte Höhe aus ebendenselben Gegenständen völlig verschiedene Bilder schafft. Hier — nur ein kleiner Theil der Fläche, die sich mehr nach rechts hin öffnet, die Verschiebung der Gruppen im Thale und der umgränzenden Hügel: und wir sehen das ganze Gefilde in neuem und reicherem Gewande.

Mühselig pilgern wir den Fußpfad immer höher hinauf, und erblicken in kurzer Frist jenseits eines tiefen Thalgrundes *), der sich zu unserer Linken öffnet, und wohl für eine halbe Stunde unser Begleiter wird, eine langgedehnte steile Bergwand, die sich in ihrem ferneren Laufe dicht bei unserer Straße mit dem Wolfsstiege vereinigt. Es ist der Burgberg, zu dem wir — über eine Wiese, ohne Weg — um das obere Ende jener Thalschlucht hinaufschreiten. Gleich einem schroffen Felskegel steigt er mit seinem vorderen Abhange aus dem Schilfwassergrunde empor, und schließt sich mit seinem Rücken an jenem Ende des Thales an das Hochgebirge an. Auf seinem buschigen Gipfel horstet

die Ruine der Schauenburg,

jetzt ein verwittertes, kaum mehr bemerkbares Gemäuer, einst die Wiege des herrlichen Thüringer Landgrafengeschlechtes. Um ihren Ursprung zieht sich ein unenthüllbares Dunkel. Es muß ein gar eiserner Mann gewesen sein, der sie gegründet hatte. Schon ihr Verstecken verkündigt das in der unheimlichen Wildniß, welche damals gewiß keinen der freundlichen Blicke gewährte,

---

*) In diesem Thalgrunde, zwischen dem Wolfsstiege und dem Burgberge, entspringt die Hörschel, welche in das Schilfwasser fließt, diesem aber weiter unten ihren Namen giebt, und nun, als nordwestlicher Gränzfluß des Waldes, eine große Rolle spielt.

die uns heute dort entzücken. — Im Jahre 1050, so berichtet die Sage — als Kaiser Conrad der Salier über Deutschland herrschte — kam ein unbekannter Ritter in diese wilde Gegend. Mit ihm zwölf andere Ritter — sämmtlich im Trauergewande. Er soll ein Vertriebener aus Frankreich, dem Königlichen Stamme der Salier entsproßt, gewesen sein, und nur Menschenhaß mag ihn bewogen haben, sich mit so tiefer Einsamkeit zu umhüllen. Denn er suchte sich die düsterste Schlucht des Waldes und auf ihrem steilsten Felsen erbaute er sein Schloß. Der Kaiser aber, dem er verwandt war, entriß ihn seinem Verstecke, belehnte ihn mit reichen Ländereien, und er wurde bald ein mächtiger Graf. Er gründete Städte und Dörfer, und ihm entsproßte ein herrliches Fürstengeschlecht, das, groß an Thaten und reich an Tugenden, Jahrhunderte hindurch das Land beherrschte. Die Geschichte giebt ihm den Namen Ludwig der Bärtige, welcher der Urvater des Thüringer Landgrafenstammes war. Allein schon seinem Sohne, der, eingedenk seines Geschlechts, sich Ludwig den Salier nannte, mißbehagte der Aufenthalt in dem düsteren umfanglosen Thurme. Prachtliebend bauete er die Wartburg auf, und die Sprößlinge des alten Grafen walteten nun dort im fürstlichen Glanze, die Länder mehrend, und Licht und Segen ausbreitend. Die väterliche Burg verschenkte Ludwig als Klostergut; er gründete Reinhardsbrunn, und begabte die Abtei damit. Den Aebten aber mag das Verweilen in dem anmuthreichen Thale viel reizender erschienen sein, als der Versteck in dem engen, unfreundlichen Thurme, und die Burg gerieth allmälig in Verfall. Erst später, als der Krieg um Raspe's*) Erbschaft ent-

*) Siehe Seite 134, Zeile 4 v. U.

brannte, entsann der Abt sich ihrer wieder. Er ließ sie befestigen, und wollte, dem alten Geschlechte treu geblieben, mit ihr die Rechte des Kindes von Brabant beschützen. Doch Heinrich der Meißner nahm sie im Sturm, und machte sie der Erde gleich, und kein Nachkomme hat sich gefunden, sie wieder aufzurichten. — So liegt sie nun seit Jahrhunderten als ein wüster, von Gestrüpp durchwucherter Trümmerhaufe, nur noch ein wehmüthiger Schmuck der dunklen Berge, um die es inzwischen lichter geworden ist, und der Wanderer pilgert zu ihrem Gemäuer hinauf, dort der Tage denkend, die längst vorüber sind.

Die alte Ruine erweckt aber auch gar ernste Gedanken. Verwachsen und rings in Bäumen versteckt, bietet sie nur den Blick in die schauerliche Kluft hinunter, die sich im finsteren Waldkessel um ihren Fuß hinlagert, und bloß eine einzige schmale Bergspalte gestattet dem Auge, mehr ins Freie zu schweifen. Doch ihr geschichtlicher Werth belohnt das mühsame Hinaufklimmen. Denn, wenn es schon anziehend erscheint, dem Ursprunge der Ströme zu folgen, welche, mit glänzendem Bande die Länder weithin umgürtend, von ihren Ufern Reichthum und Ueppigkeit verbreiten; wie viel lockender ist es, an der Wiege von Geschlechtern zu stehen, durch deren Walten Jahrhunderte hindurch die Länder zu Licht und Gesittung geführt worden, und dort von dem Gedenken ihrer herrlichen Thaten durchglüht zu werden. Die Schauenburg aber war, als Stammschloß der Thüringer Landgrafen, zugleich die Wiege sämmtlicher, jetzt noch blühender Sächsischer Häuser, die Jenen durch verwandtschaftliche Bande entsproßt sind.

Wer ein kühner Bergwanderer ist, der mag es unternehmen, nun den Abhang des Felsens hinunter zu klimmen; wir kehren auf dem Wege, den wir gekommen sind, in die Stadt zurück, die wir nach zweistündiger Abwesenheit wiedererreichen.*) In einer Viertelstunde bringt uns der Wagen, die Chaussee entlang, in den Park von

Reinhardsbrunn.

Und was soll ich nun von Dir sagen, Du trautes, süßes Thal, Du wonnedurchwehtes Paradies, über das Natur und Kunst ihre reichsten Zauber ausgegossen, um uns in Liebe und Sehnsucht für ewig an Dich zu fesseln? — Du herrlichstes Gestein in der blitzenden Krone der drei. Prunkthäler des Waldes! Du harmonischer Verein der Idylle von Wilhelmsthal

*) Wer bei Besteigung der Schauenburg noch über eine Stunde Zeit mehr zu verfügen hat, der versäume ja nicht, die, ½ Stunde von hier liegende Tanzbuche zu besuchen, ein kleines Jagdhaus, auf der Höhe des Simmetberges. Der Weg dorthin führt von der Schauenburg auf die Brotteroder Straße zurück, welche an der Tanzbuche vorübergeht, und vor den übrigen von ihr abführenden Waldwegen sich so auszeichnet, daß sie gar nicht verfehlt werden kann. Der freundliche Waldplatz, auf dem das Jagdhäuschen ruht, ist von einem Kranze dichter Tannen und Fichten umgeben, und gewährt einen eigenthümlich anmuthigen Blick auf den gerade vorliegenden Inselsberg, und auf den Felskamm des Kickelhahnsprungs, der sich unmittelbar gegenüber zu seiner ganzen Mächtigkeit darstellt. Tiefe Ruhe und Abgeschiedenheit wehen einen gar wehmüthig poetischen Zauber über das frischwaldige Plätzchen, welches deshalb auch ein Lieblingsspaziergang der Friedrichsrodaer Sommergäste, und fast täglich mit Besuchern angefüllt ist. In dem Saale des Jagdhauses befindet sich eine kleine Gallerie von merkwürdigen Hirschgeweihen. Die Bewirthung der Fremden ist hier gut und preiswürdig. Der Weg von hier zum Kickelhahnsprung und dem Inselsberge ist ein Fußsteig, der den Wanderer in ungefähr ¼ Stunde zu dem S. 88 Zeile 15 v. O. erwähnten Wegweiser bringt.

und des Epos von Altenstein! Die von Dir geschrieben, schweigen alle über Deine Schönheit, und keiner von ihnen mochte es unternehmen, Dich zu besingen. Sie wollten der Ueberraschung nicht vorgreifen, sagen sie. O eiteler Vorwand und dürftige Beschönigung ihrer Schwäche! Die Feder ist viel zu arm, um Deine Reize auch nur annähernd zur Anschauung zu bringen.

Scharf und klar trittst Du vor meine Seele in der majestätischen Umkränzung Deiner sanftgewölbten, lieblich belaubten Waldberge; mit Deinen sammtnen Wiesenteppichen, darein tausendfache reizende Blumen harmonisch eingestickt sind, und worüber sich Gruppen riesiger Bäume, sinnig geordnet, emporwölben, und droben kosend mit den Lüftchen plaudern; mit Deinen Seen, wo die Ufer in silbernen Spiegeln wiederstrahlen, und die Schwäne in blitzenden Furchen dahinziehen; mit Deinem so prunkvollen und doch so unendlich graziösen Lustschlosse, an dessen gothischer Façade der schlanke Thurm hervorblickt, und wo durch die liebliche Wölbung der Pforten ein Blumenschmuck farbigster Art uns entgegenduftet; mit Deiner von Epheu und Reben umschlungenen Kapelle, daran die ernsten Male vergangener Größe uns anschauen; mit Deinen grünumrankten schottischen Häuschen, woneben im freundlichen Ziergarten der marmorne Jäger mit stolzer Feder an der Mütze vom kunstvollen Springbrunnen herabblickt; mit Deinen breiten Chausseen, die leuchtend durch die Smaragdteppiche sich schlingen; — scharf und klar trittst Du mit all' diesem Zauber mir jetzt vor die Seele; doch wenn ich es fesseln will Dein reizendes Bild, wenn ich der Feder einhauchen will seine magische Gewalt: schon beim ersten beginnenden Worte halte ich ein! — Ja, selbst der Meister unter den Malern müßte verzagt seinen Pinsel niederlegen, wenn er Dich wiedergestalten wollte. Die Formen wohl könnte er treffen, doch — wodurch Du gerade so mächtig bewegst — der Geist bleibt entfernt daraus, der, mögen wir schauen, wohin es sei, uns ringsher entgegenspricht: der Geist der vollendeten Grazie, der zartesten Empfindung, der harmonischsten Ordnung und Klarheit. Ehre den kunstsinnigen Fürsten, die aus der reizenden Natur Dich so reizend hervorzauberten! Ihr Lohn war und wird tausendfaches Entzücken sein, womit Du das fühlende Herz neu und immer neu beseligest!

Wonnig bewegt durchschweifen wir die süßen Gefilde, und ihre Zauber dringen tief in unsere Seele. Da, um unsere Lust noch zu mehren, rollt ein Wagen die Chaussee herauf, und ein freundlicher Mann, ein Genoß unserer Eisenbahntour, winkt uns Grüße zu. Nichts pflegt beim Durchwandern der schönen Berge behaglicher zu berühren, als frühere Gefährten wieder zu finden, und der Gruß schallt ihm froh zurück. Er steigt aus, bietet sich zu unserm Führer an, und freudig wird sein Gebot angenommen. Ein Führer, der von jeder Schönheit, durch die er leitet, selbst tief durchdrungen wird, verdoppelt den Genuß. In so reizenden Gefilden nur keinen Miethling, der seelenlos uns jede Begeisterung wegplappert! Mit vorsorglichem Sinne — durch unser Ergötzen mit ergötzt — führt er uns umher, und was der Park nur Herrliches in sich schließt, das läßt er uns schauen. Den Mönchstisch, der, einem kolossalen Mühlsteine gleich, von Alter zernagt, unter einer erhabenen Wölbung von Linden unfern der Kirche ruht. Die Kirche selber, von deren Außenmauer die Grabmäler längstverstorbener Fürsten mit altersgrauen Zügen uns anblicken. Die Seen, die Blumengestade, das Gärtchen, die Nebenschlößchen; sogar den Teich mit fremdartigem Geflügel und die eingehegten Hirsche müssen die Kinder sich ansehen. Dann drückt der freundliche Genoß uns die

Hände und in einfach schmuckloser Weise entzieht er sich jedem Danke.*) Doch sei ihm der durch diese Zeilen gesandt! — Wer in so kleinen, unscheinbaren Zügen Menschenfreund ist, der muß ein trefflicher Mensch sein, und eines solchen herzlich zu gedenken, bleibt immer süß. Drum soll Er und der 1. Juli 1853 uns unvergeßlich sein.

Verschieden von Wilhelmsthal und Altenstein ist das Fürstenhaus in Reinhardsbrunn ein glänzendes Bauwerk: ein imposantes vierstöckiges Hauptgebäude von acht Fenstern Fronte. Seiner Rückseite parallel gegenüber und durch ein Portal zu seiner Rechten mit ihr verbunden, ein zweites stattliches Haus mit einem Thurme an seinem linken Giebel, und neben dem Portale mit einem Seitenflügel, der unter anderen Räumen auch die Schloßkirche enthält. Diese Gebäude, mit Ausnahme der Kirche, sind von dem Vater des jetzt regierenden Fürsten, von dem Herzog Ernst, mit Hilfe der Bauräthe Eberhard in Gotha und Heideloff in Nürnberg in den Jahren 1827 bis 1835 im gothischen Style restaurirt worden, und gewähren, da unerachtet ihrer Eleganz nirgend eine Ueberladung an ihnen hervortritt, und bei den geschmackvollsten Verzierungen sich kein unnöthiger Prunk aufdrängt, einen überaus graziösen Anblick. Sie liegen in der Weitung des Badewassergrundes, wo dieser im Süden von dem Schorn und dem Wolfsstiege, im Westen von dem Quer- und dem Zimmerberge, im Norden von dem Reinhardsberge, und im Osten von den Hügeln umkränzt wird, welche Reinhardsbrunn von Friedrichsroda trennen, und über

*) Nachträglich haben wir den Namen des lieben Mannes erfahren, den er uns verschwieg; es war der Medizinalrath Richter in Waltershausen.

die der Gottlob*) in besonders imposanter Gestalt hervorragt. Die Abhänge aller dieser Berge sind nach dem Thale zu mit vorzüglich schönem Laubholze bedeckt; am Fuße des Schorn vornehmlich dehnt sich ein Gehölz hinab, das Büchigt, welches zu den reizendsten Waldpartien gehört, die man im Gebirge nur finden kann. Mit seiner Hauptfronte blickt das Schloß nach Südwesten, auf den Schorn zu. Auf dem frischen, busch- und baumreichen Rasenteppich ruhend, an welchem die Gartenkunst ihr Meisterwerk dichtete, und von kleinen Seen umspiegelt, wie sie das Badewasser bis zum Dorfe Rödichen in reicher Anzahl bildet, erscheint es von dem Zauber einer Anmuth umgossen, die sich dem Herzen mit unwiderstehlicher Gewalt einschmeichelt.

Das Innere seines Hauptgebäudes enthält die Prunkzimmer und die Wohngemächer der fürstlichen Familie, die glänzend ausgestattet und mit trefflichen Deckengemälden verziert sind. Rechts um dasselbe herum, unmittelbar daranstoßend, ist das Eingangsportal in den (jenseits offenen) Schloßhof, eine weite und in ihrem Baustyle bedeutende, schön gewölbte Halle, durch welche der Blick alsbald auf reiche Blumenterrassen fällt, die im Schloßhofe an den Gebäuden aufgerichtet sind. Von Außen über dem Portale prangt das Bild des Thüringischen Löwen. Darüber im Innern liegt der, mit Ahnenbildern geschmückte Festsaal, in welchem auch Reinhardsbrunn in seiner früheren Gestalt zu schauen ist. Im Schloßhofe, links vom Portale, parallel mit dem Hauptgebäude, steht das frühere Amt-, jetzt das Fremdenhaus, in dessen Zimmern sich schon von unten die Hirschgallerie bemerkbar macht, eine reiche Sammlung merkwürdiger, mitunter wunderbar gestalteter Hirschgeweihe. Diesem schließt sich an

---

*) Vergl. Seite 167, Zeile 1 v. U.

der offenen Seite des Hofes der Schloßthurm an. Von dem Portale — wenn man durch dasselbe aus dem Schloßhofe wieder in den Garten tritt — rechts ab, ist die Kirchgallerie, jetzt zu Wohnungen des Gefolges und zu Wirthschaftsräumen benutzt. — Die Kirche selbst, welche an diese Gallerie stößt, ist erst in der Restauration begriffen. An ihrer südöstlichen Außenwand sind zehn alte Grabsteine aufgestellt, die man aber zum Theil erst später gefertigt, und nur nach und nach hiehergebracht hat: von Ludwig dem Bärtigen, Ludwig dem Salier und seiner Gemahlin Adelheid, Ludwig dem Eisernen, Ludwig dem Milden, Herrmann dem Sängerfreunde, und von Friedrich mit der gebissenen Wange nebst seiner Gemahlin Elisabeth. Die ersten acht fürstlichen Personen liegen in Reinhardsbrunn selbst, die beiden letzten auf der Wartburg begraben. Im Innern der Kirche ist der Fußboden, die Kanzel und der Altar von weißem Thüringer Alabaster, die letzteren beiden mit reichen Bildhauerarbeiten versehen, welche gegenwärtig an der Kanzel mit vielem Geschmacke restaurirt werden. Das Altarblatt stellt den Traum Jacobs mit der Engelsleiter vor, und enthält in seinem Vordergrunde die Portraits der Familie des Herzogs Johann von Weimar; es wurde zu Anfange des 17. Jahrhunderts von Paul Richter gemalt.

Um die Hauptfaçade des Schlosses links herum ist, einige Stufen empor, ein zierlicher Blumengarten, in welchem auf einem kunstvollen Springbrunnen die Statue des Leibjägers Ludwig's des Saliers steht; unweit von dem Garten, eine alte Linde, die in den untersten Aesten ihres Wipfels ehedem einen Speisesaal für die Mönche enthielt. Neben dem Garten, mehr zur Façade des Schlosses hervor, und mit weinumrankten gothischen Giebeln aus dem Gebüsche freundlich hervorschauend, liegen die Wirthschaftsgebäude, die Gewächshäuser und die Wildställe. Durch den Park führen die Chausseen nach Tabarz, Friedrichsroda und Waltershausen.

Reinhardsbrunn war früher eine Benediktiner-Abtei und wurde bald nach dem Baue der Wartburg von Ludwig dem Salier gegründet, der die letzten Tage seines Lebens hier als Mönch zubrachte. Da er sich und seinen Nachkommen die Schutzherrlichkeit über dieselbe vorbehielt, und die Abtei die Begräbnißstätte des Landgrafengeschlechts wurde, so gelangte sie bald zu solchem Ansehen und Reichthume, daß ihren Aebten die Inful verliehen wurde, und sie, mit bischöflichen Rechten begabt, sich „von Gottes und des heiligen Stuhls Gnaden" nennen durften. Gegen das Ende des 13. Jahrhunderts wurde sie durch einen Brand, der zugleich viele werthvolle Manuscripte und Urkunden vernichtete, von Grund aus zerstört, nachher aber größer und glänzender wieder aufgebaut. Die Reformation führte, wie die der meisten Klöster Thüringens, so auch ihre Aufhebung herbei, und, nachdem sie im Bauernkriege (1525) verwüstet und verbrannt worden war, zogen die Herzöge von Weimar ihre Besitzthümer als Chatoulle-Güter ein. Allmälig wurden von ersteren die Gebäude wieder hergestellt, jedoch nicht als Klostergebäude, sondern als Wohnhäuser: als ein Amtshaus und ein Lustschloß. Bei der späteren Ländertheilung kam Reinhardsbrunn an die Herzöge von Gotha, deren Sommerresidenz es jetzt bildet.

Nachdem wir der reizende Stätte ein wehmüthiges Lebewohl gesagt, und noch den seligsten Frieden auf ihre süßen Gefilde herabgewünscht haben, verlassen wir sie. — Der Wagen erwartet uns am Gasthause, das innerhalb des Parkes im Thale weiter unten liegt und mit seinem glänzenden Gebäude schon selber einem kleinen Lustschlosse nicht unähnlich scheint. *) Es ist ein vielbewegter Ort, und Fremde strömen zur Sommerszeit täglich in Schaaren herzu. In den laubigen Baumhallen, ihm gegenüber, bieten sich gar köstliche Plätzchen zur Rast. Auch wir wählen uns eins, um nach der beschwerlichen Wanderung uns endlich zu erfrischen und der Ruhe zu pflegen. Dann eilen wir die Chaussee weiter hinab, an Wiesen und Teichen vorüber; durch dunkle Hallen von mächtigen Tannen in das Dörfchen Rödichen**) hinauf; und von hier links ab (in ungefähr 20 Minuten) nach

Schnepfenthal,

das von einer sanften, baumgeschmückten Anhöhe nach Norden zu schon in die Fläche niederschaut.

Als in der letzten Hälfte des vorigen Jahrhunderts das Licht der Wissenschaften mit reicherem Glanze über Deutschland zu strahlen begann, und in vielerlei Zweigen das Volk zu edlerer Bildung erhob, fühlten gewichtvolle Männer das Bedürfniß auch einer edleren Jugenderziehung, damit in den Seelen der Kinder die zarten Keime des Wissens, der Sitte und

*) Dieser Gasthof ist in jeder Beziehung, auch für Nachtquartiere, sehr empfehlenswerth.

**) Das Gothaische Dorf Rödichen, am Ausgange des Badewassergrundes und Schnepfenthal gegenüber sehr reizendgelegen, umfaßt in einigen 60 Häusern gegen 380 Einwohner.

Den Fremden, welche von Waltershausen nach Reinhardsbrunn gehen, können wir nur rathen, ihren Weg gleichfalls über Rödichen zu nehmen. Der Fußweg von Schnepfenthal aus ist durchweg unbelohnend, während auf der Chaussee sich überall die reizendsten Ansichten darbieten.

der Religion zur herrlicheren Blüthe gepflegt, und in ihren Früchten erquicklicher für das Gemeinwohl gemacht würden. Zu ihnen gehörte auch Christian Gotthilf Salzmann, welcher der Stifter der berühmten Erziehungsanstalt zu Schnepfenthal wurde. Im Jahre 1744 als Sohn eines Geistlichen zu Sömmerda geboren, und für denselben Stand bestimmt, erhielt er schon frühzeitige Anregung, sich mit pädagogischen Wissenschaften zu beschäftigen. Als Prediger in Erfurt fand er bald an seinen eigenen Kindern Gelegenheit, seine auf Bewahrung der Einfachheit und Natürlichkeit in der Erziehung gerichteten Grundsätze praktisch zur Anwendung zn bringen. Zugleich trat er als pädagogischer Schriftsteller auf, und erwarb sich durch seine Werke mannigfache Anerkennung. Seine Neigung, als Erzieher auch öffentlich zu wirken, wurde stärker. Als daher Basedow, der Stifter des Philanthropins zu Dessau, seine Unterstützung begehrte, folgte er dem Rufe, und trat im Jahre 1781 in jene Anstalt als Religionslehrer ein. Bald aber fühlte er den Drang in sich, eine selbstständigere Wirksamkeit zu beginnen. Er verließ im Jahre 1784 Dessau, kaufte das in die Hände eines Privatmannes übergegangene ehemalige Klostergut Schnepfenthal, und errichtete nun hier die zu hoher Berühmtheit gelangte Erziehungs-Anstalt. Herzog Ernst II von Gotha unterstützte das Unternehmen auf das Freigebigste, und auch andere Freunde beförderten das Werk. Das Institut wurde eröffnet, anfangs freilich nur mit wenigen Zöglingen. Allein Salzmann's eigene Art, zu unterrichten, welche sich durch Klarheit, Faßlichkeit und Einfachheit auszeichnete, verbunden mit der Beihilfe der tüchtigsten Männer, wie eines Jacob Glatz, Gutsmuths, Lenz, Bechstein, Weissenborn und Ausfeld, zogen aus allen Ländern Europa's Knaben hierher, unter denen sich selbst Kinder fürstlicher Eltern befanden, und die Anstalt blühete in Kurzem gar herrlich empor. Sie bot aber auch Vortheile der seltensten Art. Neben dem gediegensten Unterrichte und der sorgfältigsten Pflege des sittlichen und religiösen Sinnes, die wunderherrliche Lage am Fuße des schönen Gebirges, nahe dem Herzen seiner entzückendsten Stätten, welche allein schon eine mächtige Bildnerin für das jugendliche Gemüth werden, und es zur wärmsten Begeisterung für das Schöne und zur Anbetung Gottes hinreißen mußte. Und Salzmann verstand auch in seinem feinen Empfinden, das Herrliche, von dem seine Schöpfung umblüht wird, aufs Zweckmäßigste zu nutzen. Vor allem aber war schmucklose Einfachheit in jeglichem Bewegen sein Gesetz, und gerade dies streifte von den jungen Seelen die unnatürliche Hülle ab, mit welcher die höheren Stände damaliger Zeit sich zu umgeben pflegten, und führte in natürlich veredelterer Generation ein edleres Anschauen des Lebens herbei. Salzmann's steigender Ruf, so wie seine zahlreichen, von gleichem Geiste gehobenen Schriften, zogen viele Herzen zu ihm hin, und die Anstalt zählte in wenigen Jahren schon über 60 Zöglinge. In gleichem Sinne wirkte der würdige Mann bis zum Jahre 1811 fort, in welchem er, beweint von unzähligen dankbaren Menschen, die ihm Bildung und Gesittung schuldeten, am 31. October starb. Ein Kreis trefflicher Kinder und Schwiegersöhne hatte ihn umgeben. Von ihnen führte sein Sohn Carl Salzmann das Institut fort, und noch jetzt, wo es in die Hände von Wilhelm Ausfeld übergegangen ist, blüht es in ungeschwächter Kraft.

Es war ein gar fröhliches Leben, als wir den Hügel betraten. Die Feierstunde der Kinder hatte geschlagen, und die kleine rothwangige Schaar schwärmte mit zwanglosem Getümmel auf dem Spielplatz umher, Sehnsucht in uns erweckend, noch wie sie jubeln zu können, und eine Kindheit genossen zu haben, wie ihre, so sorgenfrei und so schön. Gefällig führte ein Lehrer uns in den Räumen umher und gab uns von Allem gewünschteste Auskunft.

Die vier Hauptgebäude der Anstalt liegen auf dem Gipfel des sanften Hügels, der sich als Ausläufer des Eichberges, der linken äußersten Thorsäule des Badewassergrundes, gen Norden in die Fläche niedersenkt, und stehen um einen parkähnlich von Bäumen umgebenen, freien Platz umher. Das vornehmste unter ihnen hat in der Mitte seines Daches einen schlanken, spitzen Thurm, der mit dem Giebel des Hauses gar freundlich in das Thal hinabblickt. Sie enthalten den Betsaal, zwei Lehrsäle, den Musiksaal, den Tanzsaal, den Speisesaal und zwei Schlafsäle; außerdem die Wohnungen des Direktors, der Lehrer, der Zöglinge, die Bibliothek und ein Naturalien-Kabinet. Die Reitbahn liegt in einem abgesonderten Raume, der Turnplatz und der Badeplatz etwas entfernter. Schon das Vorhandensein der zu den verschiedensten Zwecken bestimmten Lokale deutet auf die umfassende Bildung hin, welche den Kindern hier gewährt wird. Doch möchten wir die gymnastischen Uebungen noch besonders hervorheben, deren jetzt endlich begriffener Einfluß auf Leib und Seele in Schnepfenthal von dessen Beginnen an vollständig erkannt, und deren Ausübung daselbst schon von ihrem Wiedererwecker, Gutsmuths, in ein wissenschaftliches System gebracht worden ist.

Die Aussicht von dem Hügel in die Fläche hinunter, die erste, welche sich seit unserem Aufenthalte im Gebirge, in unbeschränkterer Ausdehnung darbietet, ist von unendlicher Lieblichkeit. Zu unsern Füßen ruht das buschige Dorf Ibenhayn; links von ihm, an den Burgberg gelehnt, und von dem stolzen Bergschlosse

Tenneberg überragt, das freundliche Waltershausen; darüber hinweg das nackte zackige Horn des Hörseelberges, der sich hier gerade in seiner groteskesten Form zeigt, und unwillkürlich an den bunten Sagenschmuck mahnt, der ihn umflittert. Vor uns und rechts: die weite unübersehbare Ebene, über deren äußersten Saum das Haupt des Brockens, bei der allmälig sinkenden Sonne, wie eine mächtige tiefblaue Wolke emporsteigt, und wo inmitten lachender Dörfer und saatgrüner Hügel der stolze Friedenstein, von Gotha's Häuserkranze umschlungen, in wunderbarem Glanze strahlt. Von der Rückseite des Hügels schweift der Blick in die lustigen Gründe des buschreichen Badewasserthales; links, nach Rödichen hinüber, dem schweizerartig in die Felsen eingeklemmten; und weiter zu den Gipfeln der höheren Bergen hinauf. —

In kurzer Frist trägt uns der Wagen auf der Chaussee, von welcher zur Linken die Aussicht sich immer herrlicher und malerischer entfaltet, nach Ibenhayn *), und von dort, im Ganzen in einer ½ Stunde, nach

Waltershausen,

dem lieblichen Schooßkinde der schönen Natur, das sie am Fuße des Waldes auf üppigem Wiesenplane und von den silbernen Wasserfällen der Laucha durchrauscht, gleich einem reizenden Gürtel um den Burgberg gezogen, und dem sie als prangende Krone das blitzende Schloß, Tenneberg, aufs Haupt gesetzt hat. Die Lage des Städtchens unter den laubbedeckten Bergen, dem Burg- und dem Ziegenberge, ist wunderherrlich. Von den geschmackvoll eingerichteten Gartenumgebungen seines Bahnhofs,

*) Ein kleines, aber reizend gelegenes Gothaisches Dorf mit ungefähr 150 Einwohnern.

um welchen prächtige Baumpartien und Lusthäuschen mit spiegelnden Teichen anmuthig wechseln, schweift der Blick durch den weiten Thalgrund am Tenneberge vorüber, und über höher und höher steigende Berge, bis zu dem Inselsberge hinauf, von dessen mächtigem Gipfel sein trauliches Häuschen niederwinkt.

Der Ort erfreut sich einer bedeutenden Wohlhabenheit. Schon im 13. Jahrhundert mit Stadtrechten begabt, erhielt er in der Mitte des 14. Jahrhunderts sogar die eigene Gerichtsbarkeit. Die beiden letzten Landgrafen, Balthasar und Friedrich der Friedfertige*), bestimmten ihn ihren Gemahlinnen zum Leibgedinge, und jetzt, wo er gleich der ganzen Umgegend zu Gotha gehört, ist er den Herzoginnen von Gotha als Wittwensitz angewiesen. Gegen das Ende des vorigen Jahrhunderts blühte hierselbst das von dem berühmten Naturforscher Bechstein gegründete Forstinstitut, die erste derartige Lehranstalt in Deutschland, doch nur für kurze Zeit, denn durch Umstände veranlaßt, siedelte der Gründer sein Unternehmen bald in das Meiningensche über. Die Stadt ist wohlgebaut und insbesondere verdient ihre Hauptkirche zu St. Marien der Erwähnung. In gegen 600 Häusern umschließt sie ungefähr 4000 Einwohner, denen aus der Fabrication der zumeist hier gefertigten bekannten Gothaer Wurst- und Räucherwaaren, sowie aus anderen blühenden Nahrungszweigen ein gesegneter Erwerb zuströmt. Günstig auf ihren Flor wirkt vor allem die ausgedehnte Papiermaché- und Spielwaaren-Fabrik des Hofraths Kestner, die selbst in umliegenden Dörfern eine bedeutende Zahl von Arbeitern einträglich beschäftigt.

---

*) Vergl. Seite 136.

Ein fröhliches, buntbewegtes Getümmel empfing uns, als unser Wagen in den schattigen Platz vor dem Bahnhofe einbog. Rings ertönt Jubel und Musik uns entgegen, und Tanzende fliegen in langen Reihen über den Rasen und zwischen den Säulen der Linden durch. Kellner tummeln sich geschäftig umher, hier dampfende Würstchen, dort kühlende Getränke spendend. Lust und Heiterkeit lärmt in der fröhlich wogenden Menge. Es ist eine Gesellschaft von Gothanern, die heute hier ein ländliches Fest feiert. — Da schmettern lustige Posthörner; ein langer Zug von Wagen rollt aus der Stadt, am Bahnhofe vorüber und durch die Mitte der Jubelnden weiter. Sie kommen vom Inselsberge herab, zu dem der heitere Tag sie hinaufgelockt hatte. — Nun nahet sich von Fröttstädt der Eisenbahnwagen*), und bringt andere Fröhliche, die von hier weiter auf die Berge klimmen wollen. Auch sie mischen sich für heute mit in die munteren Reihen. — So wogt in steter Bewegung hier im Sommer das Leben auf und ab, und kein Tag geht vorüber, der nicht Lust und Freude über die süße Flur herabströmt, die aber auch Alles umschließt, um eine wonneverheißende Pforte des Waldes zu sein.

Den Wagen am Bahnhofe verlassend, gehen wir durch die Stadt, zum Burgthore hinaus, an dem früheren Rittergute, der

*) Von Waltershausen aus geht eine, mit Pferden betriebene Zweigbahn nach Fröttstedt an die Thüringer Bahn hinunter, welche zu jedem Zuge Reisende hin und zurück befördert. Von Berlin aus kauft man Billete bis Gotha, und dort — ohne allen Verzug — neue bis Waltershausen; jedoch muß man dafür sorgen, daß auch das Gepäck sogleich mit expedirt wird.

Das Bahnhofsgebäude zu Waltershausen heißt und ist zugleich die Restauration, und gewährt unerachtet des endlosen, dort herrschenden Menschengewühls, ein gutes und billiges Unterkommen.

Kemnote, vorüber, auf einem Parkwege (rechts von der Straße) in den Burgwald, und durch diesen nach

Schloß Tenneberg

hinauf, einem aus früheren Jahrhunderten her noch gut erhaltenen Bergschlosse, das in Stelle einer in den ältesten Zeiten hier vorhandenen, freilich als viel prächtiger geschilderten Burg der Herren von Laucha, gegen das Ende des 14. Jahrhunderts vom Landgrafen Balthasar erbaut worden ist. Wann die alte Burg gegründet worden, darüber schweigt die Geschichte. Eine Zeit hindurch muß sie schon einmal den Landgrafen gehört haben, da Ludwig des Unartigen und Kunigunden's Sohn, Apitz, dessen Existenz so viel Unheil über Thüringen heraufbeschworen, einige Jahre lang auf ihr Hof gehalten hat. Unter der Regierung des Herzogs Johann Friedrich's des Mittleren von Gotha, dessen zeitweilige Residenz sie gleichfalls war, wurde hier eine Frau in strengstem Gewahrsam gehalten, deren Persönlichkeit mannigfach räthselhaft erschien. Man nannte sie „die Dame von England" und sie gab sich für die geschiedene Gattin Heinrich's VIII von England, Anna von Cleve, aus. Was aus ihr geworden ist, weiß man nicht, wahrscheinlich ist sie auf der Burg gestorben. Zur Zeit des dreißigjährigen Krieges bewohnte Herzog Ernst der Fromme mehrere Jahre das Schloß. Gegenwärtig enthält es nur Amtslokale.

Von den Gebäuden der Burg sind nur noch zwei vorhanden: an der äußersten nördlichen Kante des schroffen Bergabhanges, das eigentliche Schloß, mit einem Thurme und einem viereckigen Hofe in seiner Mitte, und diesem gegenüber ein zweites kleineres Haus. Beide Gebäude tragen das Gepräge des Alterthums, wenngleich ihr Aeußeres noch stattlich und das Schloß insbesondere auch in seinen inneren Räumen ganz wohlerhalten ist.

Zwischen ihnen befindet sich ein offener Platz, der mit parkähnlichen Anlagen am westlichen Abhange des Berges bis ins Thal hinuntersteigt. Am Thore begrüßte uns — der richtige Typus eines strotzenden Gebirgskindes — ein dicker derber Junge, der aus einer irdenen Tasse mit Behaglichkeit seine Milch schlürfte. Im Sprechen noch nicht gewandt, geleitet er uns zu seinem Vater, welcher — Amtsbote und Schließer in Einer Person — uns das Schloß in seinen inneren Räumen öffnet.

Die müssen freilich einmal gar herrlich gewesen sein. Doch seit der jetzige Fürst, aus Unmuth über die Zerstörungslust des traurigen Jahres Achtundvierzig, jedwedes Kostbare in Hausrath, Bildern und sonstigem Schmucke aus ihnen entfernt hat, ist Alles öde. Die einst prachtvollen Gobelins flattern, vom Zugwinde bewegt, an den Wänden unheimlich umher, und die weiten leeren Räume überwehen uns mit Schauer und Frost. Nur wenn wir an die Fenster treten, erheitert sich das Auge wieder. Denn wohl ist es abermals einer der köstlichsten Blicke, der sich vor uns entfaltet. Auf das reizende Centrum, Waltershausen zu, das sich tief zu unsern Füßen um den Berg hinschmiegt, strahlt die Schönheit des Gefildes in langen Radien von weit und weiter zu uns heran. Zur Linken die Waldgebirge mit ihrem erhabenen Königshaupte, dem Inselsberge; daneben die seitwärts gebogene Spitze des Hörseelberges; alsdann ringsumher die Fläche, auch von hier aus mit dem Brocken und mit Gotha, dessen leuchtenden Palast wir schon halb vom Purpur des Abends geröthet sehen.

Dieser Anblick treibt uns aufs eiligste vom Berge hinunter. Am Bahnhofe überrascht uns ein neues Bild. Tanz und Musik haben geendet, und Alles drängt sich stürmisch um die Eisenbahnwaggons, die, zur Abfahrt gerüstet, bereits auf den Schienen stehen: theils leere Bretterflächen mit hohen Gittern umgeben; theils Coupéwagen, oben mit offenen Sitzen. Wie wunderbar wirrt und summt das Alles durcheinander. Hier drängen sie sich, Mann an Mann, in die Gitter zusammen; dort klettern sie, Einer hinter dem Andern, hastig an den Waggons hinauf. Die Beamten toben und schreien, weil keiner das Rechte thut. Nun springt in Verwirrung und Eile Alles wieder zur Erde hinab, und unten lärmt es aufs Neue. Endlich nach mühsam errungener Ordnung, die Musik voran, die Wagen bis zur Ueberfülle gestopft, ist man zur Abfahrt gerüstet. Doch umsonst suchen wir jetzt Pferde, oder irgend eine andere bewegende Kraft. Da treten zwei stämmige Bursche hinter die Wagen, drängen und stoßen daran, und, umschmettert von Trompetengetön, eilt der Zug die abschüssige Bahn nach Fröttstädt von selbst hinunter.

Mit herzlichem Gelächter über das höchst komische Bild besteigen auch wir unsern Wagen, und auf wohlgepflegter Chaussee trägt er uns der Heimath zu. Die lustigen Fluren umdämmert bald ein milderer Abendschein. Die Dörfer, ein Jedes in seinem eigenen Thale von sanften Höhen umkränzt, athmen die süßeste Ruhe der entschlummernden Natur. Wie friedlich liegt das schöne Langenhayn und das trauliche Schwarzhausen in der Hügel Schooße! — Aus Schmerbachs Hütten schimmert schon hier und da ein Licht, und blitzt mit seinem Leuchten in die Dämmerung hinein. Die Fluren hauchen uns ringsum frischere Düfte zu. Nun steigt der Mond mit glänzender Scheibe vom Gebirg' empor, und breitet seinen Silberschleier über Berg und Thal. Welch magischer Schein umfluthet jetzt das ganze Gefild! Das Dörfchen Seebach liegt im weiten Kessel, wie in ein Lichtmeer getaucht. In dunkler Schlucht das

Dörfchen Thal von Nacht umhüllt. Gleich einem Gespenst auf unbeleuchteter Höhe der Thurm des Scharffensteins.

So beut der Abend nicht minderen Zauber, als ihn der Tag gebracht hatte, und der Bilder neues Gewand dringt mit neuem Reiz in das Herz ein. Von Entzücken erfüllt, durcheilen wir die sanftumschimmerten, stolzen Wände des Erbstromthales; doch mischt sich auch Wehmuth darein, denn als wir daheim das trauliche Stübchen wieder betreten, da werden wir uns schmerzlich bewußt, daß der morgende Tag für uns der Letzte im schönen Gebirge sei.

Zehnter Reisetag.

Letzter Spaziergang — Abschied von Ruhla.

Wer das Gefühl der Trennung von liebgewordenen Orten aus eigener Erlebung kennt, der wird die Wehmuth nachempfinden, mit welcher wir am letzten Morgen unseres Aufenthalts in den schönen Gefilden aus unserem Fenster in die Berge hinüberblickten. Es sind noch immer dieselben lustigen Garten- und Waldwände, die uns ein so fröhliches Willkommen zugewinkt hatten, und doch ist es uns, als ob sie heute mit dem Schleier einer düsteren Schwermuth sich umzogen hätten. Die Gegenstände, welche uns beim Empfange so heiter erscheinen, dünken uns, wenn wir sie lieb gewonnen, beim Abschiede das Gewand tiefer Melancholie anzuthun, und als wären sie in diesem noch unendlich reizender, so drängen sie sich gerade in den Stunden der Trennung an unser Herz, das sie nun erst recht festhalten, recht in sich schließen möchte. Gleich als ob sie uns mit sanftem Vorwurfe belasten wollten, daß wir so manches an ihnen versäumt und ungenossen gelassen, blicken sie mit schmeichelnder Wehmuth aus ihren hellen Augen uns an. So schauen auch jetzt die Berge zu uns her, und trauernd müssen wir uns sagen, daß auch sie noch reiche Schönheiten in sich fassen, die sie uns nun fruchtlos dargeboten hatten. Denn gerade der Umkreis von Ruhla, der Nordwesten des Waldes, umschließt eine Fülle von zauberischer Naturpracht, die zu unerschöpflichem Genusse ladet *), und wenn wir, die herrlichen Gebirge durchwandernd, an so viel des Herrlichen achtlos vorübergegangen, so

*) Die hervorragendsten Partien, welche sich außer den von uns geschilderten in der Umgebung von Ruhla noch bieten, sind:

1. Der parkähnlich eingerichtete Glöckler, auf dem Kamme des Hochgebirges über dem Rennwege, neben der Altensteiner Chaussee, einer Aussicht über das Werrathal nach dem Rhöngebirge. (6. Tag.)

2. Das Ruhlaer Pirschhaus in der Vogelhaide am Rennsteige, mit einer Aussicht auf die Rhön. Der Weg dorthin führt durch die alte Ruhl rechts neben dem Dornsenberge in dem Ruhlaer Ungeheuren Grunde hinauf.

3. Das Thüringer Thal — an der Chaussee von Liebenstein nach Herges, wenige Minuten von ersterem Ortee ntfernt — dessen Eingang schon durch die gegenüberstehenden Felsen, den Eselssprung und den Katzenstein, imponirt, und das in seinem Schooße zahlreiche schöne Partien darbietet. (7. Tag.)

4. Die Gegend jenseits Herges, mit der Ruine der Wallenburg und dem Stahlberge an der Schmalkaldener Chaussee, der durch seine Eisenbergwerke ausgezeichnet ist. Die Schächte und Stollen daselbst wölben sich in dem Eisensteine oft zu mächtigen Hallen empor. (7. Tag.)

5. Die von uns noch nicht beschriebenen, aber schon genannten Thäler am nördlichen Abhange des Inselsberges mit ihren Abgründen und Felsenpartien. (6. und 9. Tag.)

6. Das Königshäuschen bei Ruhla, am nordöstlichen Abhange des Breitenberges, mit einer Aussicht in die Waldpartien und nach Gotha zu.

geschah es immer nur mit lebhaftem Kampfe, und die Wahl wurde uns bisweilen recht schwer. Doch auch der Zeit gebührte ihr Recht, und ihr Ablauf ruft uns jetzt in die Heimath zurück.

Darum sollte der letzte Tag bloß der Nähe Ruhla's gewidmet sein, um hier den zauberischen Plätzen, die uns schon beim Eintritt in das liebliche Thal vor Allem gefesselt hatten, noch ein letztes tiefbewegtes Lebewohl zu bringen: am Morgen den schönsten unter den Gärten, am Nachmittage dem Dörfchen Thal.

Die Pflege der Blumen war für die Bewohner Ruhla's schon aus älterer Zeit ein Lieblingsgeschäft, und ihre Gärten

---

7. Die Wartberge neben dem Grunde der Thale. (9. Tag.)

8. Die Kalksteinbrüche bei Seebach, welche dem Mineralogen durch ihre Petrefakten-Anhäufungen interessant sind.

9. Das Thal um Moßbach unterhalb des Wachsteins mit den Gründen des Moßbachs und des Hainbachs und dem Felsen des Hangesteins. (5. Tag.)

10. Das Thal der Suhl und seine Nebenthäler, jenseits Wilhelmsthal, worin sich für den Sammler gleichfalls eine reiche Ausbeute findet. Dort wurden früher Kupferwerke betrieben, und die Halden enthalten noch manches Schätzenswerthe, besonders an Abdrücken. (5. Tag.)

11. Gotha, mit seinem Fürstenschlosse, dem Friedenstein, und den reichen Sammlungen in demselben. (Eisenbahn über Wutha.)

Wer längere Zeit in Ruhla verweilt, der möge diese Punkte ja nicht unbesucht lassen. Die Wege zu ihnen haben wir nicht beschrieben, da sie mit den im Uebrigen angegebenen zumeist zusammenfallen, und der Reisende durch die vorstehenden Blätter überdies eine so genaue Kenntniß von der Oertlichkeit erhält, daß er zu ihnen auch ohne Führer hinfinden kann; zumal ihm bei längerem Aufenthalte die Gegend von selber hinreichend bekannt werden wird.

bilden einen gar holden Schmuck des Städtchens und der majestätisch umherragenden Thalwände. Mit freundlich hellgrünen Gittern, in Blumen- und Baumpartien auf's zierlichste geordnet, und von gelben Kieswegen sauber durchschnitten, umziehn sie bald die weißen Häuserchen inmitten der Straße; bald laufen sie, von Hecken umgrünt, terrassenförmig an den Bergen hinauf. Auf drei von ihnen hat sich aber die reichste Anmuth gesenkt, und der Greiner'sche, Ziegler'sche und Dreyß'sche Garten*) entfalten, ein jeder in sich, eine besonders vollendete Schönheit. Der traulichen Stunden denkend, die in den ersten Tagen uns dort erblüht waren, sollten sie nun auch den letzten Morgen mit wehmüthigem Reiz füllen. Wie tief bewegt blicken wir jetzt aus ihnen in das zauberische Thal nieder, das sich in stets wechselnden Bildern in die hohen buchenumkleideten Berge sanft hineinschlingt! Wie süß murmeln die Quellen und die Wasserfälle, die sie benetzen! Wie kühlend umfangen uns die schattigen Trauereschen, die zu Lauben sich wölben!*) Wie mächtig fesselnd rauscht es in den Kronen der Linden dort unten am Bade

*) Die beiden ersten liegen neben dem Badeplatze, der letztere etwas entfernter an der Lehne des Breitenberges. Sie bilden an sich schon reizende Ausflugsorte, und es drängt sich eine solche Mannigfaltigkeit der Aussicht in sie zusammen, daß selbst der nur durchreisende Fremde ihren Besuch nicht versäumen sollte, zumal die Besitzer sie den Gästen mit großer Freundlichkeit öffnen. Wie schön Ruhla liegt, läßt sich von ihnen aus mit am besten übersehen; und auch ihre inneren Anlagen lohnen den Besuch.

*) In dem Greiner'schen Garten befindet sich eine Trauereſche, die, zu einer Laube gebogen, gegen 60 Personen zugleich in sich bergen kann. Von hoher Lieblichkeit ist hier auch die Felsenquelle, am Eingange unter Büschen versteckt. Im Ziegler'schen Garten bietet ein

zu uns herauf! Wie friedlich blicken die ruhigen Kirchen und das trauliche Städtchen mit seinem geschäftigen Leben zu uns her! — Mit schmerzlichem Empfinden sagen wir ihnen Lebewohl, und trübe schweift der Blick auf Ruhla hinunter, als wir es auf der Lehne des Breitenberges in seiner Schönheit zum letzten Male von der Höhe erblicken.

Noch wehmüthiger sollte der Genuß in den Nachmittagsstunden sein. Der sinnige Tempel, der aus dem Baumdunkel über Thal von der Felswand schaut, war uns eine gar liebe Stätte geworden.*) Ein wunderholdes Asyl blickt er mit heiterem Auge auf das Dörfchen nieder, zum alternden Thurm des Scharffensteins empor, in den grünen Kessel der Berge hinaus, und in den Höhen- und Felsenkranz, der sich mit magischer Gewalt dort an uns drängt.**) Die Schöpfung eines Mannes, der uns gar werth geworden, sollte er auch die letzte Stelle sein, von der uns Ruhla seine Genüsse böte, und jeder wonnige Augenblick, den Natur und Freundschaft uns geschenkt hatte, sollte in seligen Erinnerungen in seiner stillen Enge noch einmal in unserer Brust anklingen.

Dort saßen wir lange und dachten die herrlichen Tage zurück, die viel zu schnell uns entflohen waren, und freundliche Bilder ziehen uns an der Seele vorüber, und liebe Namen klingen wie Grüße zu uns herauf. — Ach, daß die Freuden des Lebens so kurz nur sind, und so flüchtig an uns vor-

---

kleiner Wasserfall, der unter einer Eschenlaube hervorschäumt, besonderen Genuß. Im Dreyß'schen Garten ist der Herabblick auf Ruhla am reichsten. Dasselbe liegt von seinem Gipfel wie ein grüneingehegtes Kreuz vor uns.

*) Vergl. Seite 48, vierter Reisetag.

**) Vergl. Seite 43, vierter Reisetag.

überraschen! — Was bliebe uns, wenn uns nicht Erinnerung und holdes Gedenken umblühte! —

Nach langem düsterm Schwelgen in der berauschenden Natur und auch dem Heiligenstein einen Abschiedsgruß zuwinkend, kehren wir traurig nach Ruhla zurück. Unser Wagen steht dort längst gerüstet; den Freunden, die ihn umringen, sagen wir aus gepreßter Seele ein inniges Lebewohl; und im rollenden Fluge trägt es uns zu dem Aufenthalte so vieler seliger Freuden hinaus. Nach kurzen Stunden strahlt uns die Wartburg entgegen, auch heute geröthet von der scheidenden Sonne, und wir schauen, doch jetzt mit anderen Gefühlen, wie sie ihr Gold mit duftigem Schleier wieder über die Dächer ausbreitet. — Der Bahnzug nimmt uns auf, und führt uns mit stürmender Eile durch die sinkende Nacht nach Berlin zurück, wo die frühesten Stunden des neuen Morgens, statt der fröhlichen Berge, uns beengend nur starre Häusermassen entgegentragen.

Und von hier, Ihr lieben freundlichen Menschen, die Ihr dort mir nahe gestanden, sende ich Euch diese flüchtigen Blätter, dem Entzücken entquollen, das mich beseelte, und ein herzliches Zeichen, wie ich in Liebe Eurer gedenke, und wie ich noch um Euch geweilt habe, selbst als schon die weite Ferne uns trennte. Die Tage mit Euch werden mir stets im Gedächtniß sein, und innige Freude wird mich erfüllen, wenn die Schilderung der wonnigen Stunden, die ich in Eurer Mitte verlebt habe, recht Viele zur Nachfolge lockt, bei Euch sich auch Erholung von lastenden Sorgen und Erquickung von Mühen zu suchen. Gewiß, sie werden sie finden! — Doch vielleicht werden sie diesen Blättern alsdann kein freundliches Urtheil sprechen. Sie werden ihnen nur kalt und leblos erscheinen. Und sie sind auch kalt und leblos, verglichen mit der lebendigen Natur, die dort in ihrer reichsten Zauberfülle uns entgegenblüht, und in tausend Wundern der göttlichen Allmacht uns von der Erde emporreißt, und dem Throne des Hocherhabenen anbetend näher bringt! —

Friede, Ihr Lieben, walte über Eurem seligen Thale, und breite seine Fittiche aus über Alle, die ihm nahen!

Anlage A.

Fremden- und Bade-Ordnung

von

Ruhla in Thüringen,

genehmigt von der Herzogl. Sächs. Landesregierung zu Gotha, und dem Großherzogl. Director des III. Verwaltungsbezirks zu Eisenach.

---

1. Jeder Fremde, welcher die hiesigen Badeanstalten benutzen oder auch nur zeitweilig seinen Aufenthalt hier nehmen will, wird ein seinen Wünschen entsprechendes Logis finden, wenn er vor seinem Eintreffen mit seinem desfallsigen Wunsche sich an das Fremden- und Bade-Directorium wendet.

2. Auf demselben Wege wird auch Derjenige zu Logis kommen, welcher zu dem obigen Zwecke hier unangemeldet ankommt.

3. Jeder Fremde ist gebeten, falls er hier unbekannt ist, gleich nach seiner Ankunft seine Legitimation dem Logisgeber einzuhändigen.

4. Die näheren Bestimmungen über Logis-Preise, über Kost, Bedienung, Wäsche und dergl. bleiben, sofern sie nicht vor dem Eintreffen des Fremden irgendwie geordnet sind, der Uebereinkunft des Fremden mit seinem Logisgeber überlassen und ist das Directorium gern bereit, Auskunft und Vermittelung eintreten zu lassen, wie auch etwaigen Unzuträglichkeiten vorzubeugen und gegründeter Beschwerde abzuhelfen.

5. Die Verpflichtungen der Logisgeber sind:

a) für gehörige Reinigung der Zimmer, sowie für öfteren, spätestens alle 14 Tage erneuten Wechsel der Bettwäsche;

b) zu jeder Zeit für gutes und frisches Trinkwasser Sorge zu tragen;

c) auf Verlangen und gegen Bezahlung Kaffee mit Frühstück zu reichen;

d) überhaupt auf gewünschte Bequemlichkeit des Gastes möglichst Bedacht zu nehmen. Persönliche Bedienung des Gastes ist besonders zu vergüten;

e) die Abführung der wöchentlichen Abgaben der Kurgäste zur Gesellschaftskasse zu vermitteln und dem Badediener gegen Quittung zu behändigen;

f) für die pünktliche Beischaffung des Wassers behufs der etwa im Logis zu nehmenden Bäder zu sorgen.

6. Wer Bäder gebrauchen will, hat sich vorher mit dem Badearzt über Zeit, Anzahl und Anwendung derselben zu besprechen und wird namentlich bei den Fichtennadel-Dampfbädern und den mineralischen Bädern dem Gast um so mehr ein pünktliches Eintreffen in der Anstalt angerathen, als dem zunächst nachfolgenden Gaste seine ihm zugesicherte Zeit weder gekürzt, noch dem zu spät eingetroffenen eine andere Stunde dazu geboten werden kann.

7. Gleicherweise ist bei dem Sturz- und Wellenbad wünschenswerth, daß die dem Gast auf seinen Wunsch zugesicherte Zeit eingehalten werde. Kann diese nicht eingehalten werden, so entscheidet die Reihenfolge nach der Zeit des Eintreffens, oder aber es bleibt der folgeweise Gebrauch dieser Bäder dem Benehmen mit den nachfolgenden Gästen überlassen und zwar an Ort und Stelle, mündlich oder durch Vermittelung des Badewärters.

Falls nicht der Badearzt ein Anderes anordnet, so sind jedem Gast 20 Minuten einschließlich der Zeit des Aus- und Ankleidens zum Gebrauch des Sturz- und Wellenbades gestattet.

8. Die verpflichteten und besonders instruirten Maschinenmeister und Badewärter, bezüglich Frauen, haben den Kurgästen Handreichung und Dienstleistung zu gewähren, und besonders Das zu besorgen und zu erfüllen, was der Badearzt zum Kurgebrauch angeordnet hat, auch dem Badearzt über den Zustand der von ihnen gewarteten kranken Kurgäste und über besondere Erscheinungen in Folge des Gebrauchs der Bäder Mittheilung zu machen.

Dem Maschinenmeister, wie den Badewärtern, sowie jedem bei der Anstalt Angestellten ist ein freundliches, dienstwilliges Entgegenkommen, sowie ein pünktliches, gewissenhaftes Einhalten ihrer Obliegenheiten zur Pflicht gemacht, und wird desfallsigen Beschwerden von Seiten des Directoriums sofort Abhülfe gewährt werden, wie überhaupt die billigen Wünsche der Gäste bei demselben stets auf die bereitwilligste Berücksichtigung zu rechnen haben.

9. Die Preise der Bäder sind:

a. Fichtennadel-Dampfbäder.

Ein Abonnement von 6 Dampfbädern . .	2 Rthlr.	—	Sgr.
Ein einzelnes Dampfbad	—	„	12½ „

b. Balsamische Bäder.

Ein Abonnement von 6 Bädern	2 Rthlr.	—	Sgr.
Ein einzelnes Bad	—	„	12½ „

c. Mineralbäder.

a. Einfache.

Ein Abonnement von 6 warmen Bädern .	1 Rthlr.	—	Sgr.
Ein einzelnes warmes Bad	—	„	7½ „

b. Balsamische.

Ein Abonnement von 6 warmen Bädern .	2 Rthlr.	—	Sgr.
Ein einzelnes warmes Bad	—	„	12½ „

Für den Fall, daß der Gast die warmen Mineralbäder in seiner Wohnung zu nehmen vorziehen sollte, was demselben auch bezüglich der balsamischen Bäder frei steht, so hat im erstern Fall der Logisgeber für die Benutzung der Mineralwasser eine der Dauer angemessene Abgabe dafür zur Gesellschaftskasse zu entrichten.

Für den Transport der Mineral- und balsamischen Wasser hat zwar auf Verlangen des Kurgastes der Logisgeber zu sorgen, kann dafür aber eine angemessene Vergütung von dem Kurgaste in Anspruch nehmen. Ebenso sind die Logisgeber berechtigt, für besondere Bedienung bei Bädern, die von Kurgästen in Wohnungen genommen werden, eine besondere Vergütung in Ansatz zu bringen, falls nicht ein Anderes durch Uebereinkunft geordnet ist. (s. 5. d.)

d. Kaltwasserbäder.

Ein Abonnement von 12 Bädern . . .	1 Rtl.	—	Sgr.
Ein halbes Dutzend	—	„ 15	„
Ein einzelnes Bad	—	„ 3	„

10. Die Billets, ohne deren Vorweis und Abgabe an den Badewärter Niemand ein Bad benutzen kann, sind beim Kassirer Herrn Apotheker Bähr gegen Baarzahlung in Empfang zu nehmen.

11. In ihrem eigenen Interesse werden Kurgäste den angestellten Badearzt vor dem Gebrauch der Bäder und während desselben zu Rathe ziehen und pünktlich der Anordnung desselben nachkommen. Es darf wohl deshalb vorausgesetzt werden, daß die Gäste vor Beginn der Kur sich bei dem derzeitigen Badearzt Herrn Dr Hennicke anmelden, um das Kurverfahren mit demselben zu verabreden.

12. Der Badearzt wird durch den Wärter von dem Befinden der Kurgäste fortwährend in Kenntniß gesetzt. Auch während des Verlaufs der Kur wird derselbe auf die Kurgäste die nöthige ärztliche Sorgfalt verwenden und je nach Befinden und Erforderniß sie in ihrer Wohnung besuchen.

Ebenso gedenkt derselbe öfter seinen Kurgästen in der Nähe der Badeanstalten zu begegnen und deren Wünsche zu hören.

13. Das Honorar des Badearztes für gehabte Bemühungen ist demselben nach der gültigen Taxordnung zu berechnen gestattet; doch überläßt man die Bestimmung desselben auch gern dem Ermessen der Kurgäste.

14. Die Fremden und Kurgäste speisen beliebig in den dazu ein-

gerichteten Gasthäusern an table-d'hôte oder können sich beliebig auch die Speisen in ihre Wohnung abholen lassen.

15. Abgaben der Gäste sind:

a) 1 Thlr. zur Verschönerungskasse — ein für allemal

b) 10 Sgr. zur Unterhaltungskasse — wöchentlich. Nach dem ersten Vierteljahr nur noch 5 Sgr. Nach einem Aufenthalt von 6 Monaten fällt die Abgabe ganz weg. Familien, von denen zwei oder mehrere Mitglieder die Kur gebrauchen, entrichten das Doppelte.

Vorstehende Abgaben werden und zwar unter a) nach der Ankunft des Gastes, die unter b) aber wöchentlich im Voraus von dem Badediener gegen gedruckte Quittung abgeholt.

16. Für seinen Badewärter hat der Kurgast wöchentlich 15 Sgr. für die zu leistenden Dienste ebenfalls dem Badediener zu behändigen.

Eine Familie von zwei Personen zahlt 20 Sgr., eine Familie von drei oder mehr Mitgliedern wöchentlich 1 Thlr.

17. Für gesellige Unterhaltungslokale ist gesorgt.

Ein Beitrag zu wohlthätigen Zwecken bei ihrem Weggange bleibt dem Belieben der fremden Gäste anheimgegeben.

Ruhla, am 6. April 1853.

Das Fremden- und Bade-Direktorium.

Jacobi. Dr. Hennicke. Katterfeld.

Anlage B.

Reise-Route

durch

die übrigen Theile des Thüringer Waldes von **Ruhla** aus.

Wer nach längerem Aufenthalte in Ruhla die Absicht haben sollte, den Thüringer Wald auch in seinen übrigen sehenswerthen Partien zu bereisen, für den wird es nicht ohne Interesse sein, einen Anhalt zu besitzen, wie er seine weiteren Touren einzurichten hat, welche Orte er an Einem Tage bequem besuchen kann, wo er zu Mittag speisen und übernachten muß, und welche Sehenswürdigkeiten ihm jeder Ort bietet. Wir lassen eine solche Reiseroute in kurzen Umrissen hier folgen, die in zwölf Tage zerfallend, außer jenen Gegenständen zugleich die Entfernungen der Orte — nach Wagenfahrten bemessen — und, wo etwa Fußtouren gemacht werden müssen, die einzuschlagenden Wege angiebt. Bei derselben ist die Annahme zum Grunde gelegt, daß der Reisende auf dem Wege nach Neu-Dietendorf den Wald verläßt.*)

---

*) Auch wer nicht die ganze Tour machen will, wird gleichwohl an einzelnen Orten, an denen er sich aufhält, diese Route benutzen können.

Erster Tag. Ruhla bis Gotha.

Wir fahren von Ruhla des Morgens um 7 Uhr auf der Chaussee über Wutha in 4 Stunden nach Gotha, unserm ersten Nachtquartiere. Die mehrfachen guten Gasthöfe stehen hier in gleichem Range, so daß wir in diesen Blättern keinen besonders bevorzugen. Den Tag füllen wir durch die Besichtigung des überaus freundlichen Städtchens, seiner Promenaden und des Herzoglichen Parks aus. Der Friedenstein, das Residenzschloß, fesselt durch seine Kunstschätze und Naturalien-Kabinete auf längere Zeit. Die spätern Nachmittagsstunden werden auf der Terrasse vor dem Schlosse zugebracht, wo sich das Gebirge, als ein vollendet schönes Panorama, zu dieser Zeit in herrlicher Beleuchtung zeigt.

Zweiter Tag. Gotha bis Suhl.

Wir brechen um 6 Uhr — und an allen folgenden Tagen zu gleicher Zeit — auf, fahren über Hohenkirchen an den Fuß des Gebirges nach Georgenthal*) (2 St.) und von dort in ¾ St. nach Dietharz. — Georgenthal, ein Gothaisches Dörfchen, an der Oeffnung des Grundes der Apfelstädt, enthält die Ruinen eines Cisterzienserklosters. Der Weg von hier nach Dietharz ist durch seine Umgebung von Buchen, Nadelhölzern und Felsengruppen sehr anziehend; von eigenthümlicher Schön-

*) Ein näherer Weg hierher geht von Wutha über Waltershausen, Reinhardsbrunn, Friedrichsroda, Engelsbach, Altenbroza und Katterfeld. Da aber diese Gegend von uns großentheils schon durchstreift ist, und, was noch bleibt, wenig bietet, so ziehen wir das unendlich genußreichere Gotha als Stationsort vor.

heit ist die Thalweitung, in welcher die Gründe der Spitter, der Tambach, der Apfelstädt und des Schmalwassers zusammenstoßen. In ihr liegen Dietharz und das Städtchen Tambach dicht beieinander. Bei dem Gasthause an der Chausseespaltung zwischen beiden Orten senden wir den Wagen über Ohrdruff nach Oberhof voraus, wohin wir durch den Dietharzer (Schmalwasser-) Grund zu Fuß wandern wollen. Da wir jedoch in den ersten 5 St. kein Haus mehr treffen, so nehmen wir hier ein tüchtiges Frühstück zu uns; zugleich bestellen wir uns einen zuverlässigen Führer. Der Dietharzer Grund ist ein ungefähr 2½ St. langes Thal mit mächtigen Felsenkolossen. Einige Reisende ziehen es allen übrigen Thälern des Gebirges vor. Zu seinen ausgezeichnetsten Felsen gehören: zu unserer linken Seite, die Märtyrerhöhle (das Hünenloch), die Märtyrerswand, die Saalweidenwand. Rechts: der Waldenfels, der Oelberg. Zur Linken wieder: der Obelisk und das mächtigste Steingebilde des Thales, der Falkenstein, auf welchem einst ein Schloß gestanden haben soll. Der Weg geht von hier ab schroffer und beschwerlicher empor zu einer kleinen Sumpfwiese, dem angeblich unergründlichen Teufelsbade, von wo sich eine beschränkte Aussicht auf den Inselsberg öffnet. Von hier pflegen die Führer bisweilen nach links hin führen zu wollen, man bestehe aber, trotz aller Gegengründe, auf die Besteigung des Donnershaug, eines Berges am Rennsteige (½ St.), von welchem sich eine weitumfassende Aussicht darbietet. Der Weg, den Rennsteig entlang, ist nicht um, und auch sonst sehr belohnend; wogegen der Weg nach links hin nur öde und eintönig ist.

In Oberhof, dem höchsten Gothaischen Dorfe, treffen wir unsern Wagen wieder, nehmen das voraus bestellte Mittagsmahl ein, und erfreuen uns an den schönen Aussichten. Von hier führt ein Weg zu dem nahegelegenen Schneekopf hinauf; wir versparen uns aber den Besuch dieses Berges noch, und eilen in 1½ St. in das letzte Gothaische Oertchen, den Flecken Zella, hinunter. In der Weitung des Lupbachthales gelegen, gehört es zu den reizendsten Orten im ganzen Gebirge, sowie sein Thalkessel überhaupt von keinem zweiten des Waldes übertroffen wird. Die höchsten Berge heben sich ringsum empor, am ausgezeichnetsten treten darunter der schroffe Felsenkamm des Ruppberges und der Beerberg heraus. Eine herrliche Aussicht auf den weiten Kranz der Gebirge entfaltet sich von den Gartenanlagen des Lerchenberges, an dessen Wände Zella theilweise hinaufläuft. Den Schlüssel zu diesen Anlagen bewilligt der Besitzer mit großer Freundlichkeit. — Von hier bringt uns der Wagen in ¾ St. nach der größten Preußischen Stadt des Waldes, dem gewerbethätigen Suhl, im Thale der Lauter. In die Berge geklemmt, macht dieselbe einen ganz entzückenden Eindruck. Wir steigen in dem Gasthofe zum Deutschen Hause ab. Seine Fenster richten sich auf den imposanten Domberg, der fast in die Stadt hineintritt, und von welchem der Granitblock des Ottiliensteins und das Käfersteinsdenkmal*) die reichsten Umblicke gewähren. In gleicher Lieblichkeit stellt sich die Gegend von den Bergen jenseits der Stadt dar, insbesondere von einem Garten, der als Lusthaus einen überall bemerkbaren gothischen

*) In dem Nothjahre 1847 erwies der Justizrath Käferstein zu Halle der bedrängten Stadt mannichfache und großartige Hilfe. Auf einem Felsenplateau des Domberges ist ihm eine Gedenktafel errichtet worden, mit der Inschrift: „dem Retter Käferstein im Nothjahre 1847.“

Thurm enthält. Auch Markt und Straßen des Ortes selbst sind sehr freundlich.

Dritter Tag. Suhl bis Meiningen.

Um den belohnenderen Weg nach Meiningen zu gewinnen, kehren wir wieder nach Zella zurück, und fahren von dort über Mehlis, Benshausen und Schwarza durch das wundervolle Thal der Lichtenau in 3½ St. nach Kühndorf an den südlichen Abhang des Dolmar. Die Besteigung des weithin um sich blickenden Basaltberges, der noch die spärlichen Ruinen einer Burg trägt, kostet uns 3 St. Den Weg von Kühndorf nach Meiningen, der Herzoglichen Residenz, legen wir in ¾ St. zurück. Was wir über die Gasthöfe in Gotha gesagt, das gilt auch von diesem Orte. Die schöne Lage der Stadt im Werrathale, die Promenaden, der Park, die Besichtigung der Herzoglichen Naturalien-Kabinete, oder — wenn wir die freie Natur vorziehen — die reizendgelegene, neuhergestellte Burg, der Landsberg, wo unter andern Merkwürdigkeiten das Scepter der Maria Stuart aufbewahrt wird, beschäftigt uns den Nachmittag hindurch.

Vierter Tag. Meiningen bis Schleusingen.

Durch fruchtbare Hügelketten, über welche zur Linken bisweilen die blauen Massen der Gebirge hervorragen, kommen wir in 3 St. in die Meiningensche Stadt Römhild, einst auch einmal eine kleine Residenz, und von dort in ¼ St. in die Thalbucht zwischen den beiden Gleichbergen, welche wie Inseln aus der Fläche auftauchen. Die Ersteigung des kleineren, mit seltsamen Basaltgebilden geschmückten, erfordert ungefähr 2 St. Die Rundsicht von ihm auf das Gebirge, die Rhön, und nach Franken hinein, ist vorzugsweise belohnend. In Hildburghausen, der zweiten Meiningenschen Residenz, speisen wir zu Mittag; wir erreichen es in 1 St., und halten uns dort ungefähr 2 St. auf. Das bemerkenswertheste daselbst sind die im Besitze des Maurermeisters Winzer befindlichen Sandsteinplatten mit den Eindrücken von Thierfährten, die aus einem Steinbruche in dem nahen Dorfe Heßberg gebrochen, zu den wunderbarsten Ueberresten der Urwelt gehören, und Gegenstand der tiefsten wissenschaftlichen Forschungen geworden sind. — Die Preußische Kreisstadt Schleusingen, im Thale der Schleuse, ist zu Wagen von hier nur 1½ St. entfernt. Wir verbringen daselbst den Rest des Tages mit dem Besuche der Badeanlagen und der Promenaden, welche sich an den Hügeln emporziehen.

Fünfter Tag. Schleusingen bis Saalfeld.

Wer in Coburg einen Nachmittag verweilen und seiner Reise dadurch einen Tag zusetzen will, der wird in dieser Stadt über Eisfeld in 7 St. eintreffen. Wir ziehen es vor, von letzterem Orte aus das Meininger Oberland zu durchstreifen, die südöstlichen Distrikte des Gebirges: lange Kämme der Schieferformation, düster bewaldet, und erst nach Saalfeld zu in die altgewohnte Lieblichkeit Thüringens wieder übergehend, von den Höhen aber oft die reizendsten Fernsichten gewährend Durch keine, für Touristen in Büchern genannte Punkte ausgezeichnet, vollendet gleichwohl dieses Gebiet erst die Ganzheit des Eindrucks, welchen der Wald zurückläßt. — Auf nicht immer völlig chaussirten Wegen, bisweilen, der freieren Aussichten halber den Rennsteig benutzend, und bis Igelshieb uns öfters sogar eines Führers bedienend, kommen wir — nachdem wir in Steinhaide mäßig zu Mittag gespeist, und während des Ausruhens der Pferde den Frauenberg bestiegen — über Schalkau, Steinhaide, Igelshieb, Lichte, Wallendorf, Reichmannsdorf und Hohen-Eiche, nach 11 St. in der letzten Meiningenschen Stadt Saalfeld an. Der Besuch der neben dem Orte gelegenen Ruine der Sorbenburg, und des sehr schönen Marktplatzes, an welchem auch unser Gasthaus liegt, kann mit Bequemlichkeit noch in den Stunden des Abends geschehen.

Sechster Tag. Saalfeld bis Schwarzburg.

Der Wald beginnt wieder seine höheren Reize zu entfalten. Das herrliche Saalthal entlang, inmitten der lieblichen Hügel, welche 1806 die traurige Schlacht gesehen, erreichen wir über Schwarza und Volkstädt, dem dereinstigen Aufenthalte Schiller's, in 1 St. die Fürstlich Schwarzburgische Residenz Rudolstadt, die ihrer ausgezeichneten Lage wegen mit Recht berühmt ist. Die Besichtigung des Fürstlichen Schlosses nimmt fast 2 St. hin. Sie sind aber gutangewendet, sowohl der schönen Aussichten halber, die wir vom Thurme und aus den Familienzimmern des Fürsten herab genießen, als auch des Prunksaales wegen, an welchen sich die reichsten geschichtlichen Erinnerungen knüpfen. Ueber Volkstädt und Schwarza zurück und durch die Weitung des Grundes der Schwarza, kommen wir in 1 St. in dem Badeorte Blankenburg an. Bei der Schwarza-Brücke verlassen wir hier den Wagen und senden ihn bis an den Gasthof „zum Schwarzburger Hofe", dem sogenannten Chrysopras — am Eingange des berühmten Schwarzathals — voraus, da uns noch die Ruine des Greifensteins zu sich hinauflockt, ein weites Gemäuer mit reichen Blicken in die Fluren nieder, und dereinst die Wiege des Kaisers Günther von Schwarzburg. Nach 1¼ St.

sind wir gleichfalls beim Chrysopras angelangt, und besteigen noch vor dem Mittagsessen vom Garten aus auf bequemen Parkwegen, die sich oberhalb des Schwarzathals hinziehen, den Griesbachsfelsen. Ein höchst großartiger Hinunterblick in das Schwarzathal, in die gegenüberliegende dunkle Oeffnung des Werrathals, und in die glänzenden Gefilde um Saalfeld zurück belohnt reichlich die Mühe. — Für die Nachmittagsstunden verspricht der Heimsberg, der mit den Felsenpartien des Katzensteins jenseits der Schwarza liegt, den gleichen Genuß. Auf einem steilen Fußpfade, der an die Stelle der bequemen Parkwege tritt, die uns hinaufgeführt haben, klettern wir von seinem Gipfel in den Abgrund des finstern Werrathals nieder, wo unweit des Wildgartenzauns eine düstere Felskluft, der Napoleonsplatz, uns entzückt. — Ein Rasenweg führt uns dann durch den Wildgarten um die Lehne der Hünenkoppe zur nachgebildeten Burg Eberstein hinauf, die schroff in das Schwarzathal hinunterblickt. Erst gegen 6 Uhr fahren wir in 1½ St. durch das Schwarzathal nach Schwarzburg hinüber, wo wir am Abende uns von dem Wachtposten nur noch in dem Schloßgarten herumführen lassen.

Es zeugt von der gewissenlosen Art, mit welcher die Reisehandbücher den Touristen durch den Wald jagen, daß keins derselben die obengenannten ausgezeichneten Partien empfiehlt. Sie senden die Leser vom Chrysopras glatthin durch das Schwarzathal. Gleichwohl gehören insbesondere der Napoleonsplatz und der Griesbachsfelsen zu dem Erhabensten, was der Thüringer Wald in sich schließt. Der Erstere stellt sich kühn der Hochwaldsgrotte zur Seite; die machtvolle Aussicht vom Letzteren wiederholt sich im ganzen Gebirge nicht, und beide Partien lassen sich vom Chrysopras in 2 St. bequem bestreiten.

Siebenter Tag. Schwarzburg bis Ilmenau.

Schwarzburgs feenhafte Schönheit, mit der es sich an die drei westlichen Prunkthäler des Waldes als ein hellglänzender Edelstein wetteifernd anreiht, würde, wenn es hier die Beschreibung des mittleren Theiles des Waldes gälte, uns Stoff in Fülle gewähren, der Sprache ihre begeistertsten Worte abzugewinnen. Zur Reiseroute gehört indessen bloß die Erwähnung, daß sein merkwürdiges Schloß, die Wiege der Schwarzburger Fürsten, die Bilder der Deutschen Kaiser im Kaisersaale enthält, und daß wir am frühen Morgen des neuen, sehr reichen Tages 2 St. auf die Erklimmung des Trippsteins verwenden, des überraschend in Bäumen versteckten Rahmens, der von der steilsten, gewaltigsten Höhe herab, uns das süßeste Thal mit dem glänzenden Schlosse in einem gar zauberischen Gemälde zeigt.

Die Reisebücher führen beim Trippsteine den Touristen zum Thale hinaus und gleich nach Paulinenzella hinüber. Von einer so abgekürzten Tour läßt sich aber gar nicht dringend genug abmahnen. Bis zu wenigen Stunden noch höher hinauf enthüllt das Schwarzathal eine so unendlich reiche Fülle von Naturpracht, daß es den unteren Theil weit überstrahlt. Alsdann entgeht dem Reisenden auch der Besuch des Langenberges bei Amt-Göhren, welcher eine Rundsicht bietet, die mit der vom Inselsberge an Schönheit sich mißt. Beides scheinen die Handbücher aber nicht zu kennen. — Wir fahren daher über Sietzendorf, Mankenbach und Glasbach das Thal hinauf, und verlassen es erst auf der Königseer Chaussee in 2 St. bei Blumenau. Es hat uns bis hieher einen Reichthum von Herrlichkeit entfaltet, die wir in dieser Eigenthümlichkeit im Gebirge zum zweiten Male vergeblich suchen. Bald tritt es mit steilen, mächtigen Waldwänden eng zusammen; bald weitet es sich um buschumkränzte Dörfer in lachende Wiesenflächen aus, in welche sich die Pforten zahlreicher Nebenthäler öffnen. Am bezauberndsten fesselt das Auge der Anblick von Glasbach, das zwischen schroffe, felsige Anhöhen geklemmt, in eine leuchtendgrüne Thalschlucht hinaufgeht, sowie der Bergkessel, der mit Mellenbach in seinem Schooße, von Blumenau seitwärts, unter der Kursdorfer Koppe liegt, und in den Lichtenhayn von oben hineinschaut. — Von Blumenau steil in die Höhe, erreichen wir in 1 St. Herrschdorf am östlichen Abhange des Langenberges, vergönnen den Pferden hier 1½ St. Ruhe, und umwandern indessen den mühelos zu ersteigenden Gipfel. Dies muß, wenn es belohnend sein soll, jedenfalls bis Mittag geschehen; des Nachmittags verhindert die blendende Sonne den Blick auf das Gebirge, das hier von Osten nach Westen, wie nirgends, in seiner breitesten Ausdehnung vor uns liegt. Die Hochebenen vor den bewaldeten Bergen gen Süden zu, und nicht minder die nördlich gelegenen Weitungen des Ilmthals sind mit Dörfern und Städten reich übersäet; von letzteren erkennen wir Ilmenau, Langewiesen, Göhren und Breitenbach unfern von uns. Den freundlichsten Eindruck macht der nächste Vordergrund zum Kamme des Waldes hin: Möhrenbach liegt dicht zu unsern Füßen, an dem Abhange des Schmiedenhaupts wie ein Bildchen aufgebaut; Amt-Göhren breitet sich in einem frischen Wiesenthale unter blitzenden Teichen aus. Vom Rücken des Gebirges blicken hin und wieder am Rennsteige liegende Dörfer, wie Neustadt und Masserbergen; an die Wände der Kursdorfer Koppe dehnen sich Lichtenhayn und Meußelbach in die Höhe. — Nach ½ St. sind wir in Königsee, in der Thalweitung der Rinne, angekommen, einem Schwarzburgischen Städtchen, das, außer durch seine schöne Lage, noch mit Recht durch das vorzügliche Bier im Rathskeller bekannt ist. Auch wir verschmähen den erquickenden Trunk nicht, und eilen dann durch das liebliche Rinnethal über Rottenbach und Milbitz in 1 St. nach der hochberühmten Klosterruine Paulinenzella, der prächtigsten, welche sich in Deutschland noch vorfindet. Das Mittagsmahl und die Besichtigung der würdevollen alten Kirchenhallen kostet uns 1 St. Hiernächst haben wir in ¾ St. jenseits des Dorfes Gösselborn den östlichen Fuß des sagenreichen Singerberges erreicht, des Wächters am äußersten Saume des Thüringer Waldes. Wo wir an dieser Stelle, und scheinbar schon am Berge vorüber, links von der Chaussee einen Weg die sanfte Höhe hinangehen sehen, verlassen wir den Wagen und senden ihn über Hammersfeld auf Ackerstraßen nach Dörnfeld a. d. Ilm an der entgegenstehenden Seite des Berges voraus. Wir selbst treffen dort nach Uebersteigung des letzteren in ungefähr 1 St. gleichfalls ein. Vom Gipfel entfaltet sich aufs Neue eine Aussicht, die, in keinem Reisebuche angedeutet, zu den sehenswerthesten im Gebirge gehört. Wer die Tour von Paulinenzella nach Ilmenau oder Arnstadt macht, der möge hier doch ja nicht achtlos vorübereilen. Ein weites Panorama liegt vor uns. Die östlichen Bergzüge sind zwar durch den Langenberg verdeckt; links von demselben aber breitet sich die Gegend hinter Blankenburg, mit Dörfern und Schlössern übersäet, und an ihrem Eingange, dem Rinnethale, von der Ruine Greiffenstein geschützt, wie ein reicher Zauberteppich aus. Rechts von dem Berge zieht sich die Kette des Hochwaldes mit seinen hervorragenden Gipfeln bis zu ihrem westlichen Ende an uns vorüber. An ihn schließen sich gen Norden in frischester Ueppigkeit und Dörferfülle die Fluren hinter Arnstadt bis zum Steigerwalde bei Erfurt an. Nach Osten begränzen das nirgends gehemmte Rundgemälde die Höhen von Stadt-Ilm bis Blankenburg hinauf. Am freundlichsten spricht der südliche und westliche Vordergrund uns an: dort die langgedehnten Wälder vor Königsee, an deren Saume hart am Fuße des Berges das Dörfchen Singen liegt; hier das frischgrüne Ilmthal mit Dörnfeld, Cottendorf und Griesheim. — In der Richtung nach Norden den Berg hinabgehend, und uns auf dem Fußwege in dem Fichtenwäldchen nach links um seinen Abhang wendend, kommen wir bald nach Dörnfeld, und fahren von dort über Cottendorf und Bücheloh in 1¼ St. nach Ilmenau. Im Gasthofe zum Löwen (der Post) nehmen wir unsere Wohnung.

Achter Tag. Ilmenau.

Was Ruhla für den Nordwesten des Waldes, das ist Ilmenau für den mittleren Theil: das Centrum zahlreicher Ausflüge*), auf welchen man diesen Gebirgsabschnitt mit gleicher

*) Die entfernteren Ausflüge, welche man von Ilmenau aus zu machen pflegt, sind in diese Reiseroute schon an anderen Stellen aufgenommen. Dahin gehören vornehmlich: Suhl, Zella, der Finsterberg, der Schneekopf, die beiden Gerathäler, Elgersburg, der Singerberg, Paulinenzella, der Greifenstein, das Schwarzathal, Schwarzburg, der Langeberg bei Möhrenbach und Schleusingen. Es blieb uns daher nur noch die Erwähnung der hervorstechendsten näheren Partien, welche wir in einzelne Spaziergänge kurz zusammengestellt haben, bloß um einen Anhalt zu geben, wie man sie in einem Zeitraume von nur 3 Tagen vielleicht bestreiten könnte.

Genauigkeit kennen lernt, und die, wenn sie auch nicht dieselbe Fülle historischer Berühmtheit und Naturpracht bieten, doch immer von so unendlicher Lieblichkeit sind, daß der Reisende sich auch hier für längere Zeit recht eng gefesselt fühlt. Sollten diese Blätter durch die weitere Beschreibung des Waldes eine Fortsetzung erfahren, so würden wir nur Ilmenau zum Mittelpunkte wählen.

Denn es ist ein gar köstlicher Platz, und aus der friedlichen Natur umher scheint uns noch jetzt die Weihe anzuwehen, welche Deutschlands Dichterheroen, Goethe und Schiller, ihrem Lieblingsthale verliehen haben. Um den Abhang der Sturmhaide geschmiegt, ruht es wie ein seliges Idyll in dem grünen, von Teichen sanft durchspiegelten Wiesenschooße, und die schützenden Berge blicken gar freundlich auf dasselbe nieder.

Will der Tourist nur Einen Tag hier verweilen, so möge er am Morgen das Bad und den Gränzhammer, am Nachmittage über den Lindenberg jedenfalls den Gickelhahn und Manebach besuchen. Wir widmen dem freundlichen Orte einen reichbelohnten dreitägigen Aufenthalt.

Am ersten Morgen durchwandern wir das Bad und seine Promenaden im Manebacher Grunde, und lassen uns dann zu dem schmucken Waldhäuschen am Gipfel der hohen Schlaufe, der Antonienhöhe, hinauflocken, das uns einen prächtigen Blick bis zu den Bergen bei Blankenburg darbietet. Parkwege, die sich rechts von der Schleusinger Waldchaussee an der Rückseite des Berges in die Höhe schlängeln, machen uns diesen Spaziergang zu einem ziemlich mühelosen. Zu dem Ausfluge am Nachmittage brauchen wir 5 St. Er geht zu dem Gränzhammer (¼ St.), der dahinterliegenden Schillershöhe, wo Schiller den Plan zum „Gange nach dem Eisenhammer“ entworfen haben soll, dem Eisenwerke, der Gottessegen, und (von dort wieder zum Gränzhammer gelangt) über die erzreiche Anhöhe vor Oehrenstock (vergl. S. 50) und das Dorf Oehrenstock zum steilen Kienberge hinauf, dem umfassendsten Aussichtspunkte um Ilmenau. Den Rückweg zur Stadt nehmen wir über die schroffen Abhänge des Heidelberges hinab, quer durch das Wildthal und das wunderschöne Schortethal, das uns einen köstlichen Einblick in seine Tiefe erschließt. In der Nähe von Ilmenau, am Saume des Flußberges, links von unserem Wege bemerken wir, in die Waldecke eingeklemmt, eine alte Berghalde. Wir erklimmen auch diese noch, und haben von ihr ein höchst liebliches Bild des Städtchens vor uns.

Neunter Tag. Ilmenau (Pörlitz, Gickelhahn).

Am Morgen bringt uns ein zweistündiger Spaziergang zu dem nordöstlich auf einer sanften Höhe nahe bei der Stadt gelegenen Dorfe Oberpörlitz, wo uns — links von den letzten Häusern — eine kleine Erhebung einen weiten Rundblick gewährt. Alsdann durch das Dorf zurück, und auf dem Kamme des Hügels entlang, erreichen wir nach wenigen Minuten Unterpörlitz, und gehen — immer von den frischesten Landschaftsbildern begleitet — von hier die Straße nach Ilmenau zurück. — Die Aussichten, welche sich uns auf diesem, von Fremden leicht vernachlässigten Wege dargeboten, tragen durch das nahe Gebirge, das seine reichen Thalpforten dicht vor unsern Blicken öffnet, einen eigenthümlich großartigen Charakter an sich. —

Den Nachmittag füllt aufs Neue ein längerer Ausflug, zu welchem wir ungefähr 4—5 St. nöthig haben, die Besteigung des Gickelhahns. Zur Schleusinger Waldchaussee hinaus, an dem Parkwege zur Antonienhöhe vorüber, treffen wir bald zu unserer rechten Seite einen Wegweiser, der uns in die Bäume hinein über Waidmannsruh und den Gabelbach zum Gickelhahn hinaufzeigt. Wir folgen seiner Weisung, halten uns aber bei der Wegetheilung im Walde links, und haben in Kurzem, das unter einer Felsenwand angelegte, erste der freundlichen Ruheplätzchen erreicht, welche mit sinniger Vorsorge dem Bergwanderer hier bereitet worden sind, die Waidmannsruhe. Im dunklen Waldesrahmen ruht die Stadt im Schooße des süßesten Thales unter uns. — Der Parkweg führt uns weiter und wieder auf die Chaussee hin, von der wir sogleich (rechts) von der Höhe herab ein neuerbautes Schweizerhäuschen durch die Bäume schimmern sehen. Es ist das kleine Gabelbachhaus, das, durch denselben kunstsinnigen Fürsten, dem auch die Wartburg ihr Wiedererstehen verdankt, neu errichtet, hier den liebenswürdigsten Waldplatz schmückt. Die nothwendige Rast, die wir uns in dem Häuschen vergönnen, weiß uns der Wirth, Herr Carl vom Gabelbach, durch angenehme Gaben zu versüßen. Ueber den nahe angränzenden großen Gabelbach (ein fürstliches Jagdhaus) gehen wir auf den Gipfel des Berges, den vielleicht schon im nächsten Jahre ein, durch den Fürsten gegründeter hoher Thurm zu weitester Rundschau zieren soll. Jetzt ist die Aussicht dort nur noch eine zerstückte, gleichwohl ist sie nach Südwesten über das grüne Wellenmeer der Berge hinaus von bewunderungswürdiger Schönheit. In tiefem Waldesdunkel steht hier das Goethehäuschen, wo der große Dichter gar süße Stunden verlebt haben mag, ein abgeschiedener, einsamer Raum, durch die erhabensten Erinnerungen geweiht. Seine schmucklosen, von unbefugten Händen jetzt verunstalteten, Wände tragen einen kostbaren Schatz in dem innigen Liede, das Goethe, hingerissen durch die wehmüthige Herrlichkeit der Natur umher, am 7. September 1783 ihnen eingeschrieben hat, und für welches nur hier das richtige Verständniß und das gleichklingende Nachgefühl sich erweckt:

Ueber allen Gipfeln ist Ruh',
In allen Wipfeln spürest Du
Kaum einen Hauch,
Die Vögelein schweigen im Walde.
Warte nur! Balde
Ruhest Du auch!

Von der nordwestlichen Lehne des Berges an, und rings um denselben herum bis nach Südosten hervor, zieht sich durch herrliche Wälder und an vielfachen, höchst interessanten Punkten vorüber, ein Parkweg nach Ilmenau zurück. Der Koloß des Großen Herrmannssteins, eine mächtige Felsenburg, oben in mehrere Klippen zersplittert, an einer seiner Wände eine Höhle enthaltend, lagert an Abgründen, tief in Bäumen versteckt. Der kleine Herrmannstein und der Annastein, geringere Felsengebilde, schauen mit Aussichten über die Büsche hinaus. Vom Hirschsprunge aus, dem bastionähnlichen steilen Gipfel eines Vorberges, des Pöckerskopfes, liegt Manebach, aus der Vogelperspektive gesehen, in seinem grünen Thale wie ein Zauberbildchen unter uns. Der ganze weite Weg entwickelt in jeder einer Partien Reiz und Anmuth, und gelabt und befriedigt kehren wir am Abend nach der Stadt zurück.

Zehnter Tag. Ilmenau (Lindenberg, Schortethal, Ilmthal).

Für heute haben wir uns den Marsch eines ganzen Tages vorgesetzt, und beschlossen, sowohl am Vormittage, als am Nachmittage 4 kleine Stündchen, doch behaglich, umherzuwandern.

Den Lindenberg, links von der Waldchaussee, besteigen wir auf einem Parkwege, der sich, durch einen Wegweiser erkennbar, von letzterer abzweigt. Mit jedem Schritte höher entfaltet sich die Aussicht über Ilmenau hinweg zu reicheren, entzückenderen Kreisen. Ein Ruheplätzchen, die Fitzlerquelle, ist der dankbaren Erinnerung an den würdigen Arzt geweiht, welcher hier vor längeren Jahren die Kaltwasserheilanstalt gegründet hat; höher hinauf eine Hütte, Käferstein's Ruhe genannt, dem Andenken an einen lieben Badegast. Wir lassen uns für kurze Zeit in ihr nieder, schauen in das entzückende Bild hinaus, und ein süßes Gedenken umschmeichelt auch uns die Seele. — Der Parkweg schlingt sich nun höher hinauf, um die westliche Lehne des Berges, zur Josephinen-Quelle hin. Die Waldnatur wirft hier einen ihrer wunderbarsten Blicke auf uns. Majestätisch ragt die ungeheure Baumwand des Gickelhahns vor uns in die Höhe. Zu unserer Linken tauchen die Riesenhäupter des Erbskopfs und des großen Helmsberges aus dem Schortethale empor. — Weiterhin auf einem Wiesenplateau endet hier oben der künstlich geebnete Steig; doch rechts von ihm zieht sich eine Waldstraße in die Bäume hinein, die, alsbald nach links sich wendend, etwas von der Höhe herab auf eine ebenere Waldstelle hinführt. Dort, unter großen Bäumen, zweigt sich ein anderer Fahrweg scharf links ab, und sinkt mit steilem Absturze in das Schortethal hinunter. Schon von seiner Höhe, durch eine Baumlichtung, haben wir einen freudig überraschten Einblick in das Thal gehabt; jetzt gehen wir den Quellen des Flüßchens entgegen, ziemlich bis an's Ende des Thals, wo die Schorte als ein kleiner Wasserfall über Felsen hinabstürzt. Die Stelle wird das finstere Loch genannt. — Ein Parkweg steigt zur Linken des Flusses (wenn wir von Ilmenau kommen, rechts) zur Chaussee bis an den Gasthof zum Auerhahn hinauf. Wir folgen ihm, schreiten um den Gasthof herum, und durch einen Waldausschnitt in das Ilmthal zum Dorfe Stützerbach hinab. Hinter den ersten Häusern desselben liegt der sanfte, rasengrüne Hügel des Schloßberges, mit verwachsenen Spuren alter Wälle. Er bietet eine köstliche Aussicht über das Thal und zum Schneekopfe hinüber. Das Dorf gränzt jenseits an die Chaussee, die uns in ungefähr ½ St. nach dem Gasthause „zur Restauration", dem sogenannten „Meiers Grunde, am Ufer der Ilm bringt. Dort nehmen wir unser Mittagsmahl ein, und pflegen alsdann in der freundlichen Natur einige Stündchen der nöthigen Ruhe.

Der Nachmittag führt uns abermals durch eine reiche Gallerie der herrlichsten Landschaftsbilder, die bald im Thale, bald von der Höhe herab sich entfalten. — Das Ilmthal, man möge es von hier ab auf der Schleusinger Chaussee nach Kammerberg, oder jenseits des Flusses auf der neuen Chaussee nach Manebach hin durchwandern, entwickelt auf jeder Biegung des Weges die lieblichsten Gemälde. Vor allem einschmeichelnd, dehnt sich mit seinen Häuserterrassen Manebach in dem Kessel des Berges aus. — Wir klimmen, hier angelangt, mit einiger Mühe (an der Kirche des Dörfchens vorüber) die steile Bergwand des Heidelberges empor, über dessen Rücken die Straße von Ilmenau nach der Schmücke geht, nachdem sie zuvor schon von der Stadt aus über die Kämme der Sturmhaide, des Hangeberges und des Spiegelberges hingelaufen ist. Zur Seite dieser Straße, welche wir nun bis Ilmenau verfolgen, hat man jeden Platz erspäht, der irgendwie dem Wanderer Genuß gewähren kann. Gleich über Manebach (auf dem vorbeschriebenen Wege durch Wegweiser angedeutet) lagern im tiefen

Walde der Julien- und Emmastein, ungeheuere Felsenkolosse mit wahrhaft hinreißenden Aussichten von ihren ersteigbar gemachten Gipfeln. Von hier aus mehr nach Ilmenau zu führt der Weg über das hohe Wiesenplateau, auf welchem die Marienquelle springt; unfern von ihr zeigt ein Wegweiser auf den Parry's Platz. Wenn bei der Quelle, und von den Felsgebilden der Blick nur über das Ilmthal hinwegschweifte, so schaut er vom Parry's-Platze über ein weites Panorama in die Fläche nieder. Diese sämmtlichen Punkte schmücken noch den Heidelberg. An der Thalwand des Spiegelberges ruht rechts von der Straße, gleichfalls in Bäumen versteckt, der Schwalbenstein, ein nicht minder imposanter Felsenblock, auf welchem früher ein von Goethe oft besuchtes Häuschen gestanden hat.*) Der Gipfel des Hangeberges, den wir im Abwärtsschreiten sehr bald erreichen, eröffnet uns wiederum eine weite und überraschend schöne Rundsicht. Das letzte herrliche Bild erschließt sich uns von der Sturmhaide, um deren Fuß Ilmenau im süßesten Frieden sich hinschmiegt. Durch die freundliche Parkanlage des Wenzelsberges steigen wir endlich in das Städtchen wieder hinunter.

Eilfter Tag. Ilmenau bis zur Schmücke.

Derheutige Tag umfaßt in seinen Morgenstunden unsern Aufenthalt in dem Kaltwasserbade Elgersburg (¾ St.), das in seiner Umgebung ebenfalls eine reiche Anzahl bevorzugt schöner Partien bietet. Schon vor dem Orte, wenn wir das Dörfchen Roda, den angeblichen Geburtsort des Dr. Faust,

*) Goethe soll hier den ersten Entwurf zu seiner Iphigenie gemacht haben.

durcheilt haben, zeigt uns links von der Chaussee ein Wegweiser den steilen Philosophensteig hinauf. Unsern Wagen in den Gasthof voraussendend, erklimmen wir den schroffen Pfad der herrlichen Aussichten wegen, die sich namentlich auf Elgersburg und darüber hinweg nach Arlesberg darbieten. In dem freundlichen Badeorte selbst besuchen wir die Badeanlagen; das alterthümliche wohlerhaltene Schloß, vor dessen Fenstern sich die Landschaft in reichen Gemälden ausbreitet; die Felsenwand des Todtensteins, mit dem Goethehäuschen auf ihrem Rücken; die Alexandrinenhöhe, jenseits der Schmückenchaussee; und vor allem das köstliche, felsendurchwühlte Körnbachthal, dessen steinerne Eingangssäule den Namen „Goethe" an ihrer Stirne trägt, und das, unerachtet seiner geringen Ausdehnung, das hochromantischste in diesem Theile des Waldes ist. Nach 3stündigem Verweilen fahren wir nach Gera weiter, schauen aber auf der Höhe bei Elgersburg oftmals zurück, um den herrlichen Eindruck, den der Ort von hier aus macht, recht fest in uns einzuprägen. Wer über etwas Zeit mehr zu gebieten hat, der lasse, wenn er auf die Dorfstraße von Gera gekommen ist, den Wagen rechts einige hundert Schritte zum Dorfe hinausfahren. Es öffnet sich ihm dort ein Thal von unbeschreiblicher Anmuth. Sodann geht er durch Gera zurück, über Arlesberg, das breite Gerathal und Gehlberg zu dem Gasthofe des Schneekopfs, der Schmücke, hinauf, der höchstgelegenen menschlichen Wohnung im Thüringer Walde (2877 Fuß). Von Elgersburg aus hätte uns ein näherer Weg hieher bringen können; öde und ohne jeden Reiz zieht er sich aber nur durch Wald hin. Unerachtet der lebhaften Widersprüche des Kutschers wählten wir daher unsere Straße, da die Blicke auf Elgersburg zurück, die Thalweitung um Gera und Arlesberg, noch mehr aber das eigentliche Thal der breiten Gera selbst eine überreiche und schwerzuersetzende Fülle wahrhaft poetischer Naturschönheiten entfalten.

Auf der Schmücke kommen wir gegen 2 Uhr an. In den spätern Nachmittagsstunden besuchen wir den prächtigen Aussichtspunkt, an der Straße nach Oberhof (dem Rennsteige) am Abhange des Beerberges, des höchsten im Gebirge (3064 Fuß), wo das Auge über reizende Landschaften und Bergketten weit nach Franken hineinschaut, und dann an Suhl haften bleibt, das sich mit herzgewinnendem Zauber tief im Grunde um den Domberg hinzieht. Hierauf besteigen wir den Gipfel des nur wenige Fuß niedrigeren Schneekopfs (3049 Fuß), auf welchem sich seit zwei Jahren ein imposanter 80 Fuß hoher Thurm erhebt. Der Kellner auf der Schmücke hat uns den Schlüssel dazu mitgegeben. Welch unermeßliches Panorama, von der Plattform des Thurms aus gesehen, sich um uns hindehnt, das zu beschreiben, ist nicht die Aufgabe dieser Reiseroute; ebensowenig, als den Eindruck zu schildern, den die bald untergehende Sonne auf uns macht. Nach ihrem Scheiden gehen wir schnell auf die Schmücke zurück.

Zwölfter Tag. Schmücke bis Neu-Dietendorf.

Auch unser Gefühl beim Aufgange der Sonne, den wir am nächsten Morgen von den Fenstern unsers Zimmers aus betrachten, soll den Leser nicht aufhalten. Erfahren muß er aber, daß wir in aller Frühe, auf dem Fahrwege rechts von der Gasthausthüre, durch den nahen Wald zu dem Mordfleck gegangen sind, einer Bergwiese, die den Schneekopf mit einem Nachbarberge verbindet; daß wir dort (rechts) in die furchtbaren Klüfte hinuntergeblickt, aus welchen das Dorf Goldlauter sich hervorzieht; und daß wir endlich (links) den ziemlich steilen Gipfel des Finsterberges erklimmt haben, des dritten der Höhe nach in diesem Gebirge (2994 Fuß). Die Rundsicht von hier wird nur durch den Schneekopf und Beerberg gehemmt, sonst ist sie unbeschränkt, und in Nähe und Ferne von wunderbarer Schönheit. Insbesondere schmeichelt sich das herrliche Thal von Schmiedefeld am südwestlichen Fuße des Berges recht innig an unser Gemüth an. Auf die Schmücke zurückgekehrt, nehmen wir unser Mittagsbrod ein. Leider aber ist der „Schmuck der Schmücke", der gute alte Joël, nicht mehr, und das leckere Mahl verstreicht uns ohne die treffenden Späße, durch die er mit seiner nie versiegenden Laune die harmlosen Stunden zu würzen verstand. Seine Gattin indessen kocht noch eben so vortrefflich, als sonst, und wir wünschen den ermatteten Pilgern, daß sie damit noch lange nicht aufhören möge.

Am Nachmittage senden wir den Wagen an die Stelle voraus, wo die Straße von Gehlberg herab in das wilde Gerathal ankommt. Wir gehen oberhalb der grausigen Klüfte des Schneetiegels (links von der Schmücke) nach dem Pirschhause, genießen die düsterprächtigen Aussichten in die wilden Bergthäler und klettern dann durch die Schlucht, um welche herum wir zum Pirschhause empor gestiegen sind, in den Schneetiegel selbst nieder. Aus ihm ziehen wir uns an dem finsteren zerrissenen Ufer des Bächleins in das wilde Gerathal, eins der großartigsten des Gebirges, hinab, und gelangen nach ungefähr 2 Stunden zu unserm Wagen. Bald durch anmuthigere Bergwände und unweit der Oeffnung des Thales an dem lieblicheren Grunde der Lütsche vorüberfahrend (links), kommen wir durch Gräfenrode in 1½ St. nach dem Städchten Plaue, und von dort durch den freundlichen Plaue=

schen Grund in 1 St. nach Arnstadt. Wer Zeit hat, mag hier die reizenden Promenaden, den Markt, den Schloßgarten, die Eremitage und vor allem die schöne Liebfrauen-Kirche in Augenschein nehmen. Wir fahren sofort nach Neu-Dietendorf, das wir in 1½ St. erreichen, um daselbst noch am Abende die Eisenbahn besteigen zu können. Die schwermüthigen Ruinen der 3 Gleichen begleiteten uns auf unserm Wege hieher, und vom Hochgebirge winken die mächtigen Gipfel des Inselsberges, des Schneekopfs, des Gickelhahns und des Singerberges uns freundlich nach, um vom Bahnhofe aus noch unser letztes sehnsuchtsvolles Lebewohl zu empfangen.

Register.

(Die Zahl giebt die Seiten an. D. = Dorf. St. = Stadt. G. = Gasthaus. B. = Berg. F. = Fluß.

Abtsberg, B. 163.
Alabasterbruch, bei Kittelsthal. 38. 41.
Alexandrinenhöhe, bei Elgersburg. 221.
Altenstein. 50. 51. 68. 69. 98. 99. 112. — Höhle. 108. — Park. 115.
Alte-Ruhl. 18. 20. 70.
Anhalt, Land. 8.
Annastein, bei Ilmenau. 217.
Annenthal. 124. 125.
Antonienhöhe, bei Ilmenau. 214.
Apolda, St. 12.
Arlesberg, D. 221.
Arnstadt, St. 224.
Aschenberg. 85. 88.
Aschenbergstein. 85.
Auerhahn, G. bei Wilhelmsthal. 58. — bei Ilmenau. 219.
Au-Wallenburg, D. 96.

Badewasser, F. 163.
Badewassergrund. 175.
Bärenbruch, B. 84. 88.
Bärenbruchstein. 85.
Beerbach, F. 94.
Beerberg. 94.— Großer Beerberg. 205. 222.
Benshausen, D. 206.
Bergstieg, B. 70. 119.
Bermer, B. 17. 53. 122.
Blankenburg, St. 208.
Breitenberg. 17.
Brotteroda, D. 92. 93.
Brotterodaer-Stein. 75.
Büchigt, Wald. 176.
Burgberg, B. bei Friedrichsroda. 169. — bei Liebenstein. 103. — bei Waltershausen. 183.

Chrysopras, G. 208.
Cöthen, St. 8.
Coswig, St. 8.
Cyriaksburg, Citadelle. 13.

Dessau, St. 8.
Dietendorf, D. 13.

Dietharz, D. 203.
Dietharzer-Grund. 204.
Dörnfeld a. d. Ilm. 212.
Dolmar, B. 206.
Domberg. 205.
Donnershaug, B. 204.
Dornsenberg. 17.
Drachenschlucht. 126.
Drachenstein, B. 129.
Drei Brunnen. 13.
Dreiherrnstein. 74.
Dreyß' Garten in Ruhla. 193.
Drusenbach. 96.
Drusenthal. 49. 50. 68. 69. — Beschreibung. 95.
Dürrenberg, Saline. 10.

Eberstein, Burg. 209.
Ebertsberge. 43. 47.
Ehrenberg. 49.
Eichberg. 182.
Eichrodt, D. 151.
Eisenach, St. 14. 22. — Beschreibung. 149.
Eisfeld. 207.
Elgersburg. 50. 220.
Emmastein. 220.
Emsethal. 160.
Engstieg, B. 17. 122.
Erbskopf. 218.
Erbstrom, F. 20. 43. 47.
Erbstromthal. 15. 17. 43.
Erdfall, Grotte bei Liebenstein. 102.
Erfurt, St. 12.
Eselssprung, Felsen bei Liebenstein. 191.
Ettersberg. 12.

Falkenstein, Felsen. 204.
Farrnroda, D. 15. 47.
Felsenstieg, Weg bei Eisenach. 129.
Felsenthal. 84. 92.
Felsentheater, Grotte bei Liebenstein. 105. 106.
Finsterberg. 223.
Finsteres Loch, Wasserfall bei Ilmenau. 218.
Fitzlerquelle, bei Ilmenau. 218.
Freiburg, St. 11. 21.
Friedenstein, Schloß bei Gotha. 13. 192. 203.
Friedrichsroda, St. 50. — Beschreibung. 166.
Fröttstädt, D. 185.

Gabelbach, kleiner, G. 216. — großer, Jagdhaus. 216.
Gehauene Stein, Felsen. 127.
Gehlberg, D. 2. 221. 223.
Georgenthal, D. 203.
Gera, D. 221.
Gerathal, breites, 221. — wildes, 223.
Gerberstein, B. 49. 70. — Beschreibung. 71.
Gickelhahn, B. 215.
Glasbach, D. 211.
Gleichberge. 206.
Gleichen, die Drei, Ruinen. 13. 224.
Glöckler, B. 191.
Glücksbrunn, Fabrik. 107.
Göhren (Amt), St. 50. 211.
Gömichenstein. 38. 39. 52.
Gösselborn, D. 212.
Goethe, Felsen bei Elgersburg. 221.
Goethehaus, bei Ilmenau. 216.
Gosek, Burg. 11.
Gotha, St. 13. 192. 203.

Gottessegen, Eisenhammer bei Ilmenau. 214.
Gottlob, B. 166. 167.
Gräfenroda, D. 223.
Gränzhammer, bei Ilmenau. 214.
Greifenstein, Ruine. 208.
Greiners Garten in Ruhla. 193.
Griesbachsfelsen, bei Blankenburg. 209.
Groß-Beeren, D. 7.
Grumbach, D. 101.

Häßlesberg. 94.
Hahnberg. 105.
Hainbachthal. 192.
Halle, St. 9.
Hangeberg. 220.
Hangestein, Felsen. 192.
Hauptstein, Felsen. 94.
Hausfeld, Wiese. 73.
Heidelberg. 219. 220.
Heiligenstein, G. 15. 17. 38. 43.
Heimsberg. 209.
Helmsberg, großer. 218.
Herges, D. 96. 191.
Herrmannstein, großer. 217. — kleiner. 217.
Herrschdorf, D. 211.
Heßberg, D. 51. 207.
Hildburghausen, St. 207.
Hirschsprung, B. 217.
Hirschstein, B. 64. 123.
Hochheim, D. 13.
Hochwaldsgrotte, bei Wilhelmsthal. 63. 123.
Hörseelberge. 14. 151.
Hohe Schlaufe, B. 214.
Hohe Sonne, G. 65. 123.
Hünenkoppe, B. 209.

Ibenhayn, D. 183.
Igelshieb, D. 207.
Ilmenau, St. 50. 213.
Ilmthal. 11. 49. 219.
Inselsberg. 13. 41. 68. 75. — Beschreibung. 77. — Aussicht. 80. — Sonnenuntergang. 88. — Sonnenaufgang. 90.
Inselsberg-Graben, F. 92. 93. 94.
Inselsbergstein, B. 92.
Josephinenquelle, bei Ilmenau. 218.
Jubelhayn. 123.
Jüterbogk, St. 7.
Julienstein bei Ilmenau. 220.

Kabarz, D. 162.
Käfersteins-Denkmal bei Suhl. 205.
Käfersteins Ruhe bei Ilmenau. 218.
Kamsdorf, D. 50.
Karlstein, B. 129.
Karthäuserberg. 60.
Katzenstein, bei Friedrichsroda. 168. — bei Liebenstein. 191. — bei Blankenburg. 209.
Katzmannsthal. 51.
Kazthal. 57.
Kemnote, Rittergut. 186.
Kienberg. 215.
Kickelhahnsprung, Felsen. 87.
Kittelsthal. 40. 41. 50.
Kittelsthaler Alabasterbruch. 24. 28.
Königshäuschen. 191.
Königssee, St. 212.
Körnbachthal. 221.
Kösen, D. 11.
Kühndorf, D. 206.

Landgrafenberg. 129.
Landgrafenschlucht. 128.
Landsberg, Schloß. 206.
Lange-Berg. 211.
Langenhayn, D. 188.
Laucha, F. 85.
Lauchagrund. 84. 161.
Lautenbach, F. 69.
Lerchenberg. 205.
Lichtenau, Thal der, — 206.
Liebenstein, Bad. 68. 69. 97. 98. 100. — Dorf. 101. — Ruine. 103.
Lindenberg. 217. 218.
Luckenwalde, St. 7.
Lützen, St. 10.
Lupbachthal. 205.
Luthersbank. 140.
Luthersbuche. 118.
Lutherszimmer. 146.

Manebach, D. 214. 217. 219.
Manebacher Grund. 51. 214.
Marienhöhle. 164.
Marienquelle. 220.
Marienthal. 127.
Mehlis, D. 206.
Meiningen, St. 206.
Meisenstein, Felsen. 41. — Beschreibung. 159.
Merseburg, St. 10.
Meußelbach, D. 50.
Meyers-Grund, G. 219.
Mittelberg. 74.
Möhrenbach, D. 211.
Möhrenbachthal. 49. 76.
Mönchsfeld. 42.
Mommel, Bergwerk. 50. 96.
Mordfleck, Wiese. 222.
Moßbach, D. 40. — Thal. 192.
Mühlrain, B. 17.
Mummensteine, Felsen. 93. 94.

Napoleonsplatz, bei Blankenburg. 209.
Naumburg, St. 11.
Nonnenberg, D. 162.

Oberhof, D. 204.
Oehrenstock, D. 215.
Oehrenstocker-Berg. 50. 215.
Ottilienstein, Felsen. 205.

Parrysplatz, bei Ilmenau. 220.
Paulinenzella, Klosterruine. 212.
Petersberg, B. 9. — Citadelle. 13.
Philosophensteig, bei Elgersburg. 221.
Pirschhaus, bei Ruhla. 191. — am Schneekopfe. 223.
Plaue, St. 223.
Plauescher Grund. 223.
Pörlitz, D., Ober- 215. Unter- 215.
Prinzessinsteig, bei Wilhelmsthal. 124.

Reinhardsbrunn. 68. 155. — Beschreibung. 172. — Lage. 175. — Geschichte. 178.
Reisetour, gewöhnliche, durch den Nordwesten des Thüringer Waldes. 3.
Reisetour durch die übrigen Theile des Waldes. 202.
Rennsteig. 65. — Beschreibung und Geschichte. 122.
Ringberg, großer, 17. 40. 44. — kleiner, 55.
Ringbergstein. 39.
Rinnethal. 212.

Röbichen, D. 179.
Römhild, St. 206.
Roda, D. 220.
Roßbach, D. 11.
Roßla, St. 8.
Rudelsburg, Ruine. 11.
Rudolstadt, St. 208.
Ruhla: Centrum der Gegend. 4. — Beschreibung. 15. 17. — Leben daselbst. 27. — Bad. 33. — Gärten. 192. — Abschied. 195. — Bade-Reglement. 197.
Ruppberg. 205.

Saaleck, Ruine. 11.
Saalfeld, St. 208.
Saalthal. 11. 208.
Sängerbank bei Eisenach. 130.
Sättelstädt. 151. 153.
Sarkophag, Felsen bei Ruhla. 54.
Scharffenberg. 38. 41. 46.
Scharffenstein, Ruine. 15. 46. 189.
Schauenburg. Ruine. 169.
Schilfwassergrund. 167.
Schillershöhe, bei Ilmenau. 214.
Schleusingen, St. 207.
Schloßberg. 219.
Schmalwassergrund. 204.
Schmerbach, D. 158. 188.
Schmücke, G. 221.
Schneekopf, B. 222.
Schneetiegel, Thal. 223.
Schnepfenthal, Erziehungs-Anstalt. 179. — Lage. 182. — Aussicht. 183.
Schönburg, Ruine. 11.
Schönleite, B. 84.
Schorn, B. 163.
Schortethal. 215. 218.
Schoßberg. 17. 41. 44. 158.
Schwalbenstein, bei Ilmenau. 220.
Schwarza, St. 208. — D. 206.
Schwarzathal. 208. 209. 210.
Schwarzburg, Schloß. 50. 209. 210.
Schwarzhausen, D. 188.
Schweina, St. 21. 114.
Schulpforta. 11.
Seebach, D. 158. 188. — Kalkbrüche. 192.
Seebachthal. 43. 47.
Seeberg. 13.
Seimberg. 75. 93. 94.
Silbergräbenthal. 140.
Simmetberg. 88.
Singerberg. 212.
Sorbenburg, Ruine. 208.
Spiegelberg. 220.
Spitzberg. 41.
Stahlberg, Bergwerk. 50. 191.
Steinbach, D. 21. 105.
Steinhaide, D. 208.
Stützerbach, D. 219.
Sturmhaide, B. 214. 220.
Suhl, Flußthal der, 192. — St. 205.
Sulza, St. 11.

Tabarz, D. 162.
Tambach, St. 204.
Tanzbuche, Jagdhaus. 81. 88. 172.
Tenneberg, Burg. 14. 88. 186.
Thal, D. 15. 43. 45. 47. 158. 189.
Thale, Flußthal. 157.
Thorstein, Felsen. 84.
Thüringen. 1. 12.
Thüringerthal. 97. 191.

Thüringer Wald. 1. — Einzelne Theile. 2. — Geognostische Verhältnisse. 48. — Bergnatur. 75. — Pflanzenwelt. 124.
Todte Mann, Waldplatz. 55.
Todtenstein, bei Elgersburg. 221.
Trippstein, bei Schwarzburg. 210.
Trockenberg. 92.

Uebelberg. 41. 86.
Ungeheure Grund, Thal. 87. 88. 163.
Unstrutthal. 11.

Verwünschte Jungfernschlucht, bei Eisenach. 130.
Vogelhaide, Wald. 191.
Volkstädt, D. 208.

Wachstein, B. 56.
Wagenberg. 84. 92.
Waidmannsruhe, bei Eisenach. 130. — bei Ilmenau. 216.
Wallenburg, Ruine. 96. 191.
Waltershausen, St. 14. 183.
Wartberge. 41. 192.
Wartburg. 14. 131. — Geschichte. 131. — Weg dorthin. 140. — Gebäude. 141. — Merkwürdigkeiten: Rüstkammer. 143. — Kapelle. 145. — Zimmer. 146. — Lutherszimmer. 146. — Aussicht. 147.
Weimar. St. 14.
Weißenberg, großer und kleiner. 73.
Weißenborn, D. 42. 43.
Wenzelsberg, bei Ilmenau. 220.
Werrathal. 97.
Wilhelmsthal, Schloß. 58.
Winterstein, D. 160.
Wittenberg, St. 7.
Wörlitz, Schloß. 8.
Wohlrosethal. 76.
Wolfsstieg, B. 166. 168.
Wutha, D. 14.

Zella, St. 205.
Ziegenberg. 183.
Zieglers Garten in Ruhla. 19. 193.

Gedruckt bei Julius Sittenfeld in Berlin.

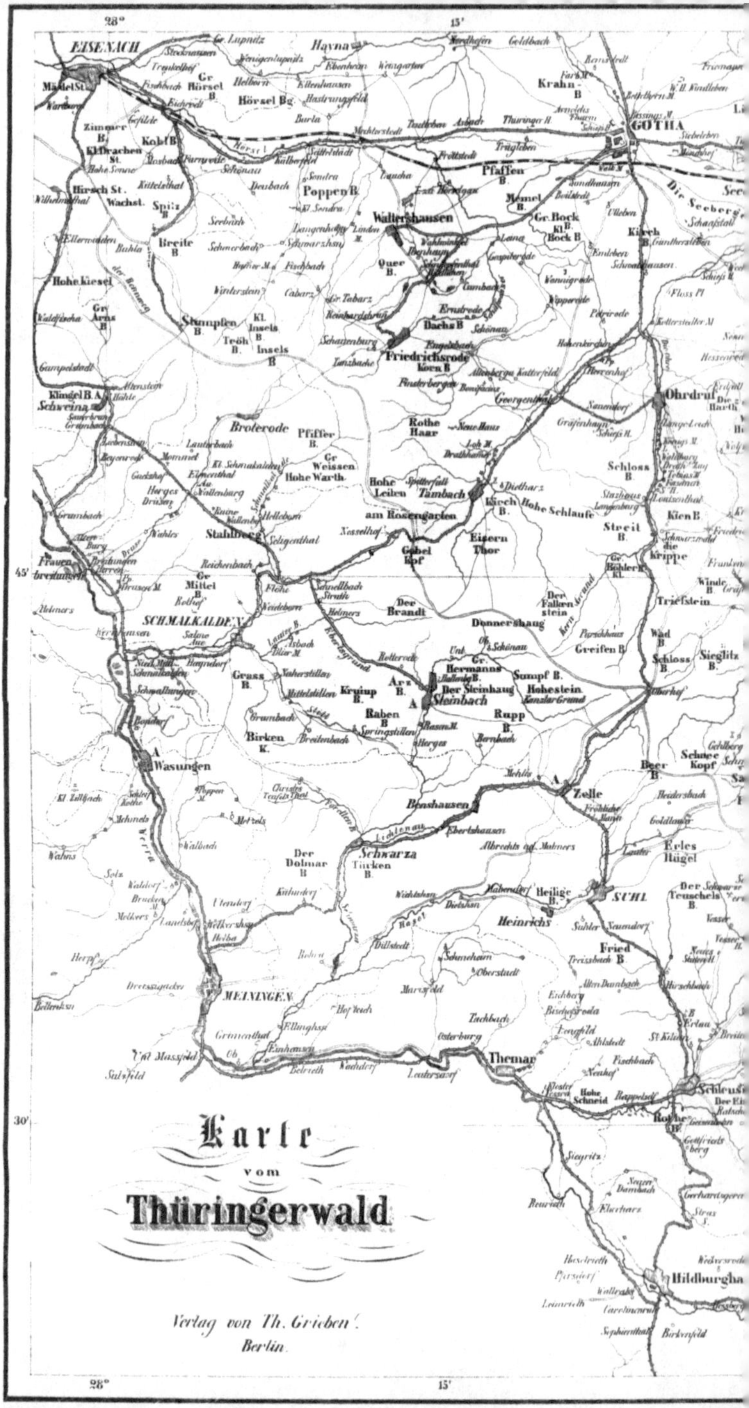

Karte
vom
Thüringerwald
Verlag von Th. Grieben.
Berlin.
28°
15'
45'
30'
EISENACH
GOTHA
Waltershausen
Friedrichsrode
Ohrdruf
Brotterode
Tambach
SCHMALKALDEN
Steinbach
Wasungen
Zelle
SUHL
Schwarza
MEININGEN
Themar
Schleusingen
Hildburghausen

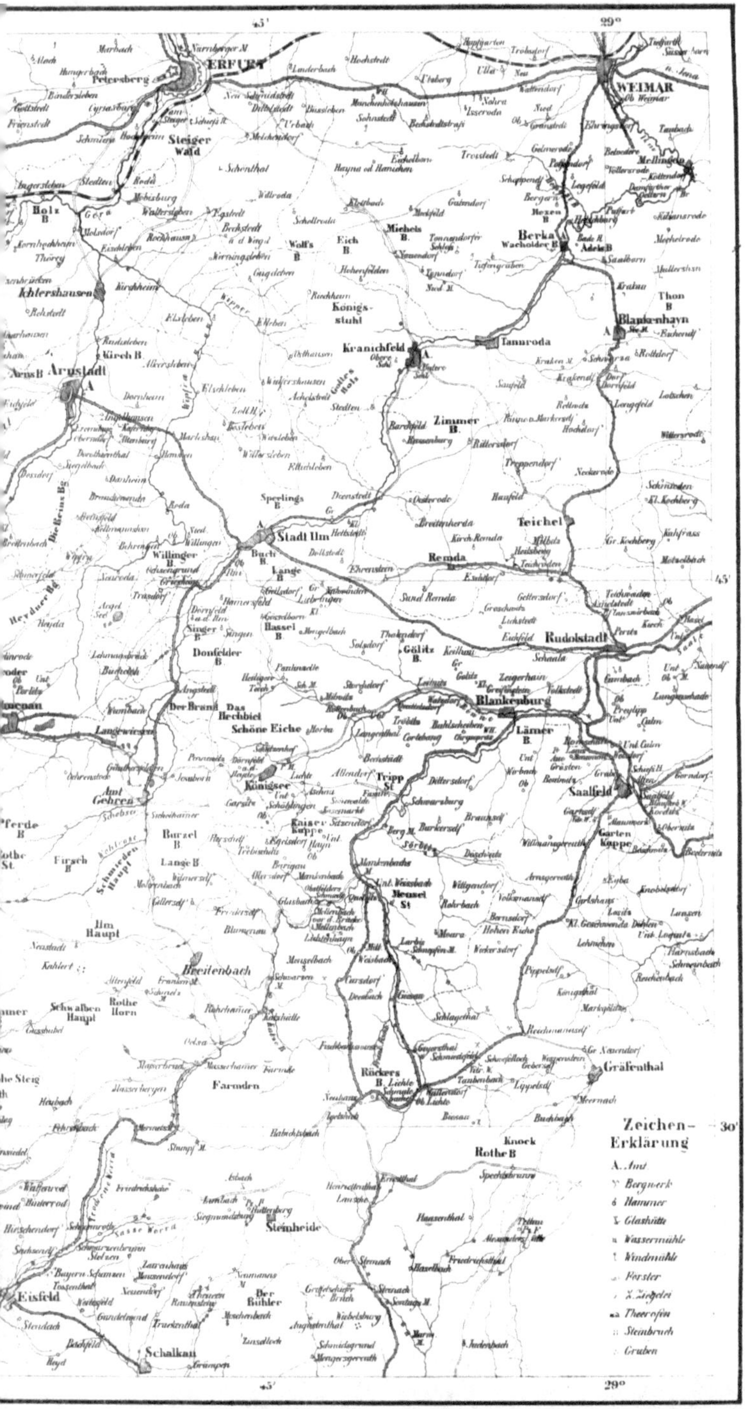

45'
29°
ERFURT
WEIMAR
Petersberg
Steiger Wald
Ichtershausen
Arnstadt
Kranichfeld
Tannroda
Berka
Blankenhayn
Königs-stuhl
Stadt Ilm
Teichel
Remda
Rudolstadt
Blankenburg
Saalfeld
Königsee
Amt Gehren
Langewiesen
Breitenbach
Gräfenthal
Steinheide
Eisfeld
Schalkau
Schöne Eiche
Garten Kuppe
45'
30'
29°
Zeichen-Erklärung
A. Amt
Bergwerk
Hammer
Glashütte
Wassermühle
Windmühle
Förster
Ziegelei
Theerofen
Steinbruch
Gruben

FSC
www.fsc.org
MIX
Papier | Fördert gute Waldnutzung
FSC® C083411

Kolibri 360 GmbH
Ferdinand-Jühlke-Straße 7
99095 Erfurt, Deutschland
produktsicherheit@kolibri360.de